영재교육원 대비

꾸러미 48제 모의고사

파이널

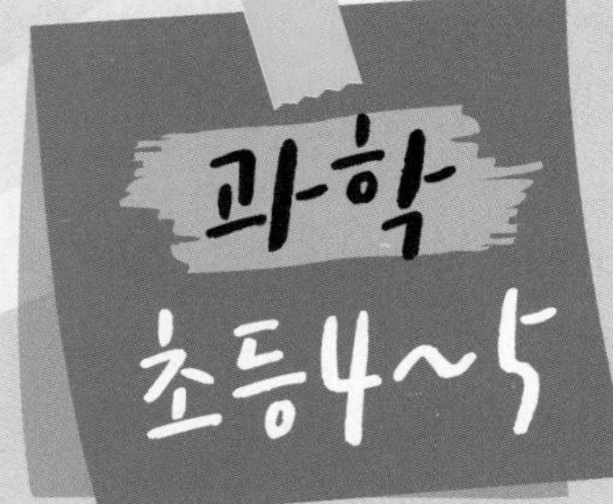

무한상상

무한상상 영재교육 연구소

영재교육원 대비를 위한...

영재란 재능이 뛰어난 사람으로서 타고난 잠재력을 개발하기 위해 특별한 교육이 필요한 사람이고, 영재교육이란 영재를 발굴하여 타고난 잠재력이 발현될 수 있도록 도와주는 것입니다. 그렇지만 우리 아이가 특별히 영재라고 생각하지 않는 경우가 많습니다. 단지 몇몇의 특성과 문제를 가지고 있는 경우가 다반사입니다. 지능지수가 높다고 해서 모두 영재는 아니며 지능지수가 낮다고 영재가 아닌 것도 아닌 것입니다.
영재는 '동기유발' 상태에 있는 것은 맞습니다. 새로운 체험과 그것을 바탕으로 나오는 내부로부터의 열정 등이 '동기유발' 을 시킬 것이고 우리 자녀의 미래의 모습을 결정할 것입니다.

새로운 경험으로서 자녀를 영재교육원에 보내는 것은 바람직합니다. 한 단계 높은 지적 영역을 경험하기 때문입니다. 그렇지만 영재교육원 선발 시험 문제는 정확한 기준이 없기 때문에 별도의 학습이 필요합니다. 기출문제, 창의문제, 탐구문제, 요즘 강조되는 STEAM 형 (융합형) 문제를 골고루 다뤄볼 필요가 있습니다. 또한 실생활에서의 경험을 근거로 한 문제 해결도 필요합니다.

아이앤아이 영재교육원 대비 시리즈의 최종판인 '꾸러미 48 제 모의고사' 는 8 문항씩 6 회분의 모의고사를 싣고 있습니다. 1 회분 8 문항은 영재성검사 해당문항 1 문항, 창의적 문제해결력 해당문항 5 문항, STEAM 형 (융합형) 문제 2 문항으로 구성되어 있습니다. 기출문제, 창의문제, 탐구문제, STEAM 형 (융합형) 문제가 모두 포함되도록 하였습니다.
'꾸러미 48 제 모의고사' 시리즈는 초 1~3, 초 4~5, 초 6~ 중등 3 단계로 나누었고 수학, 과학 두 영역을 다루므로 다루므로 총 6권으로 구성됩니다. '초등 아이앤아이3,4,5,6'(전 4권), '수학 · 과학 종합대비서 꾸러미' (전 4 권) 에 이어서 '꾸러미 120 제 수학, 과학' (전 6 권) 을 학습한 경우 약 1 주일의 시간을 두고 '꾸러미 48 제 모의고사' 로 대비를 완결지을 수 있을 것입니다. 해설 말미에 점수표를 확인하여 우리 아이의 수준을 확인할 수도 있습니다.

아이앤아이 영재육원 대비 시리즈를 통해 영재교육원을 대비하는 아이들과 부모님에게 새로운 희망과 열정이 솟는 첫걸음이 되길 기대해 봅니다.

- 무한상상 영재교육 연구소

     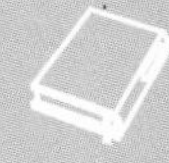

영재교육원에서 영재학교까지

01. 영재교육원 대비

아이앤아이 영재교육원 대비 시리즈는 '영재교육원 대비 수학 · 과학 종합서 꾸러미' , '꾸러미 120 제' (수학 과학), '꾸러미 48 제 모의고사' (수학 과학), 학년별 초등 아이앤아이 (3·4·5·6 학년), 중등 아이앤아이 (물 · 화 · 생 · 지)(상 , 하) 등이 있다 . 각자 자기가 속한 학년의 교재로 준비하면 된다 .

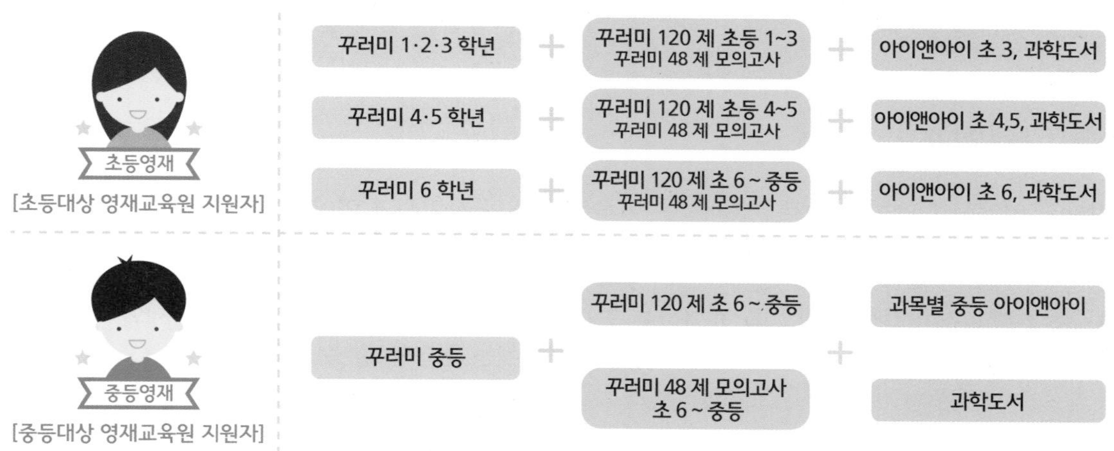

02. 영재학교/과학고/특목고 대비

영재학교 / 과학고 / 특목고 대비교재는 세페이드 1 F(물 · 화), 2 F(물 · 화 · 생 · 지), 3 F(물 · 화 · 생 · 지), 4 F(물 · 화 · 생 · 지), 5 F(마무리), 중등 아이앤아이 (물 · 화 · 생 · 지) 등이 있다 .

	세페이드 1F	세페이드 2F	세페이드 3F	세페이드 4F	세페이드 5F			
현재 5 ·6 학년	주 1~2 회 6~9 개월 과정	주 2 회 9 개월 과정	주 3 회 8~10 개월 과정	주 3 회 6 개월 과정	주 4 회 2~3 개월 과정	+ 중등 아이앤아이 (물 · 화 · 생 · 지)	→	총 소요시간 31~36 개월
현재 중 1 학년		주 3 회 6 개월 과정	주 3 회 8 개월 과정	주 3 회 6 개월 과정	주 3~4 회 3 개월 과정	+ 중등 아이앤아이 (물 · 화 · 생 · 지)	→	총 소요시간 약 24 개월
현재 중 2 학년		3 개월 과정	4 개월 과정	4 개월 과정	2 개월 과정	+ 중등 아이앤아이 (물 · 화 · 생 · 지)	→	총 소요시간 약 13 개월

각 선발 단계를 준비하는 방법

교사 추천

교사는 평소 학교생활이나 수업시간에 학생의 심리적인 특성과 행동을 관찰하여 학생의 영재성을 진단하고 평가한다 . 특히 , 창의성 , 호기심 , 리더십 , 자기주도성 , 의사소통능력 , 과제집착력 등을 평가한다 . 따라서 교사 추천을 받기 위한 기본적인 내신관리를 해야 하며 수업태도, 학업성취도가 우수하여야 한다. 교과 내용의 전체 내용을 이해하고 문제를 통해 개념을 정리한다 . 이때 개념을 오래 고민하고 , 깊이 있게 이해하여 스스로 문제를 해결하는 능력을 키운다 . 수업시간에는 주도적이고 , 능동적으로 수업에 참여하고 , 과제는 정해진 방법 외에도 여러 가지 다양하고 새로운 방법을 생각하여 수행한다 . 수업 외에도 흥미를 느끼는 주제나 탐구를 직접 연구해 보고 , 그 결과물을 작성해 놓는다 .

영재성 검사

잠재된 영재성에 대한 검사로 , 영재성을 이루는 요소인 창의성과 언어 , 수리 , 공간 지각 등에 대한 보통 이상의 지적능력을 측정하는 문항들을 검사지에 포함 시켜 학생들의 능력을 측정한다 . 평소 꾸준한 독서를 통해 기본 정보와 새로운 정보를 얻어 응용하는 연습으로 내공을 쌓고 , 서술형 및 개방형 문제들을 많이 접해 보고 논리적으로 답안을 표현하는 연습을 한다 . 꾸러미시리즈에는 기출문제와 다양한 영재성 검사에 적합한 문제를 담고 있으므로 풀어보면서 적응하는 연습을 할 수 있다 .

창의적 문제 해결력(학문적성 검사)

창의적 문제해결력 검사는 수학 , 과학 , 발명 , 정보 과학으로 구성되어 있으며 , 사고능력과 창의성을 측정하는 것을 기본 방향으로 하여 지식 , 개념의 창의적 문제해결력을 측정한다 . 해당 학년의 교육과정 범위내에서 각 과목의 개념과 원리를 얼마나 잘 이해하고 있는지 측정하는 검사이다 . 심화학습과 사고력 학습을 통해 생각의 깊이와 폭을 확장시키고 , 생활 속에서 일어나는 일들을 학습한 개면과 연관시켜 생각해 보는 것이 중요하다 . 꾸러미 시리즈는 교육과정 내용과 심화학습 , 창의력 문제를 통해 창의성을 넓게 기를 수 있도록 도와주고 있다 .

심층 면접

심층 면접을 통해 영재교육대상자를 최종선정한다 . 심층 면접은 영재행동특성 검사 , 포트폴리오 평가 , 수행평가, 창의인성 검사 등에서 제공하지 못하는 학생들의 특성을 역동적으로 파악할 수 있는 방법이고, 기존에 수집된 정보로 확인된 학생의 특성을 재검증하고 , 학생의 특성을 심층적으로 파악하는 과정이다 . 이 단계에서 예술 분야는 실기를 실시할 수도 있으며 , 수학이나 과학에 대한 실험을 평가하는 등 각 기관 및 시도교육청에 따라 형태가 달라질 수 있다 . 면접에서는 평소 관심 있는 분야나 자기소개서 , 창의적 문제해결력 , 문제의 해결 과정에 대해 질문할 가능성이 높다 . 따라서 평소 자신의 생각을 논리적으로 표현하는 연습이 필요하다 . 단답형으로 짧게 대답하기보다는 자신의 주도성과 진정성이 드러나도록 자신 있게 이야기하는 것이 중요하다 . 자신이 좋아하는 분야에 대한 관심과 열정이 드러나도록 이야기하고 , 평소 육하원칙에 따라 말하는 연습을 해 두면 많은 도움이 된다 .

Contents

차 례

꾸러미 48 제 모의고사

과학 (초 4 - 초 5)

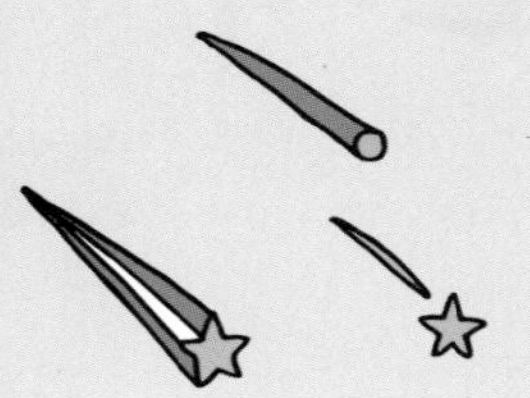

꾸러미 모의고사

1회

과학
초4-초5

- 총 문제수 : 8 문제
- 시험시간 : 70 분
- 총점 : 49 점
- 문항에 따라 배점이 다릅니다.
- 필기구 외에 계산기 등은 사용할 수 없습니다.

모의고사 점 수	나의 점수	총 점수
		49 점

01 꾸러미 48 제 모의고사

한마을에 사는 곰과 까마귀, 여우는 먹이를 구할 때마다 감춰 놓고 다음 날 꺼내 먹었다. 곰은 감춘 장소를 '뭉게구름 밑의 나무 옆' 이라고 기억해 두었고, 까마귀는 환하게 아름다운 '달님 밑의 나무 옆' 이라고 기억해 두었다. 그리고 여우는 '우리 집 나무 옆' 이라고 기억해 두었다. 다음 날 곰과 까마귀, 여우 중 누가 먹이를 가장 빠르게 찾아 먹었을지 쓰고, 이유도 설명하시오. [5 점]

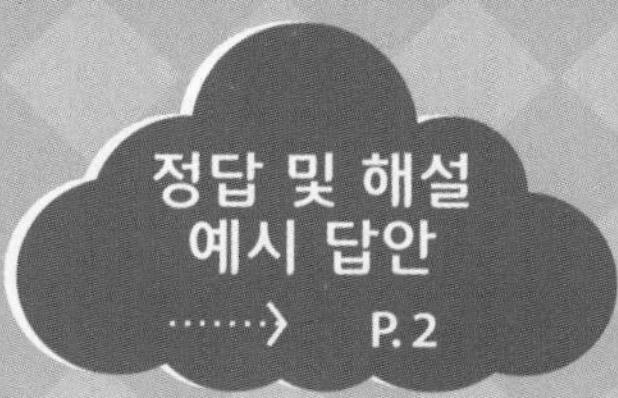

창의적 문제 해결 문항

상상이는 오늘 학교에 가기 위해 씻고 있었는데 욕실의 물이 잘 빠지지 않았다. 엄마에게 말하자 엄마는 욕실 하수구에 머리카락이 많아 물이 잘 빠지지 않는 것이라고 말하셨다. 그래서 상상이는 세제를 이용해 막힌 하수구를 뚫었다.

▲ 변기용 세제

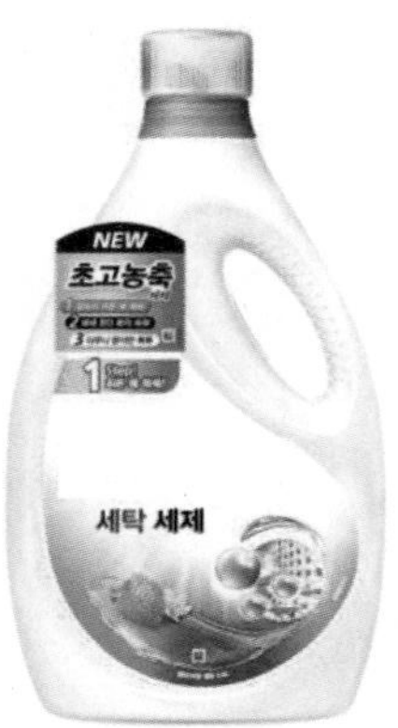

▲ 세탁용 세제

상상이는 위의 2 가지 세제 중 어떤 세제를 이용하여 하수구를 뚫었을지 쓰고, 그 세제를 선택한 이유를 용도와 관련지어 설명하시오. [4 점]

창의적 문제 해결 문항

오늘 무한이네 가족은 저녁에 생선구이를 하기 위해 생선을 사러 시장에 갔다. 무한이는 시장에서 생선이 얼음 위에 놓여 있는 것을 보았다. [5 점]

(1) 생선을 주로 얼음 위에 놓는 이유를 열의 이동과 관련지어 설명하시오. [3 점]

(2) 우리 주변에서 열의 전달이 빠른 성질을 이용하여 만든 것과 열의 전달이 느린 성질을 이용하여 만든 것을 찾아 각각 2 가지씩 쓰시오. [2 점]

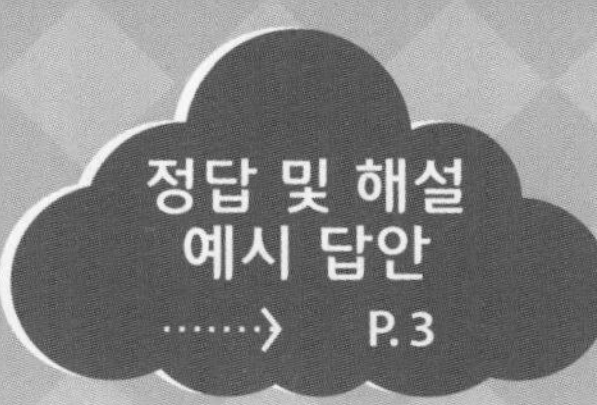

창의적 문제 해결 문항

다음은 수조에 길이가 다른 초 A, B, C 를 놓고 불을 켠 후, 집기병으로 덮고 수조에 물을 부은 모습이다. [6 점]

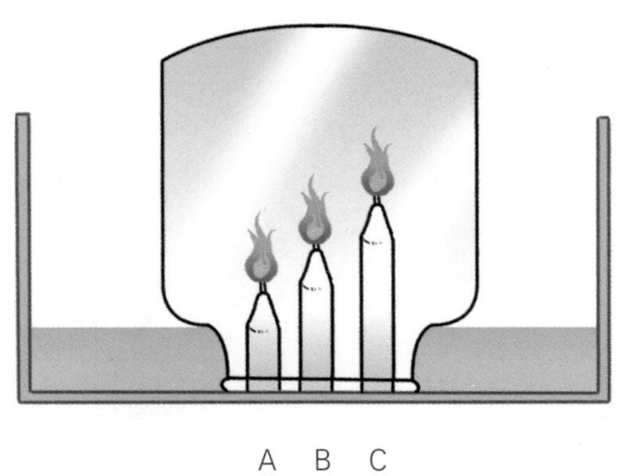

(1) 초 A, B, C 중 어떤 촛불이 가장 먼저 꺼질지 기호를 쓰시오. [3 점]

(2) 촛불이 꺼진 후에 수조의 물이 집기병 안으로 들어왔다. 그 이유는 집기병 안쪽의 낮아진 압력을 밖의 대기압과 맞추기 위해서이다. 집기병 안쪽의 압력이 낮아진 이유를 설명해 보시오. [3 점]

창의적 문제 해결 문항

05

'테라리움' 은 땅이라는 의미가 있는 '테라' 와 방이라는 의미가 있는 '아리움' 의 합성어로 밀폐된 유리병 안에 흙을 깔고 식물을 키우는 것을 말한다. 테라리움의 식물은 유리를 통과하는 햇빛, 증산 작용으로 발생한 수증기, 그리고 호흡으로 발생한 이산화 탄소를 이용하여 밀폐된 유리병 안에서 외부의 도움 없이 스스로 살아갈 수 있다. [5 점]

(1) 테라리움의 식물은 어떻게 밀폐된 유리병 안에서 외부의 도움 없이 광합성을 할 수 있을지 식물의 광합성 과정을 이용하여 설명해 보시오. [3 점]

(2) 테라리움에 적합한 식물의 조건을 써 보시오. [2 점]

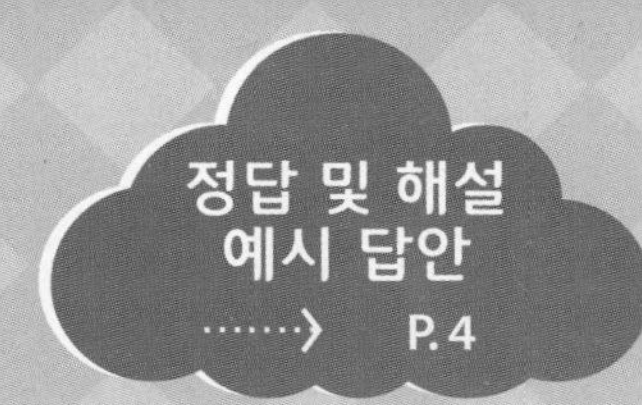

창의적 문제 해결 문항

06 다음은 기상 위성을 통해 촬영한 우리나라 주변의 구름 사진이다. 물음에 답하시오. [6 점]

- ☐ 유창성
- ☑ 융통성
- ☐ 독창성
- ☑ 정교성

(1) 위의 구름 사진에 대한 <보기> 의 설명으로 옳은 것을 모두 고르시오. [2 점]

<보기>

ㄱ. 우리나라의 북서쪽에 있는 중국 지역은 날씨가 흐리다.

ㄴ. 우리나라에는 저기압이 자리 잡고 있다.

ㄷ. 우리나라 중부 지방의 날씨는 맑다.

ㄹ. 우리나라의 남쪽 해상에는 흐리고 비가 온다.

(2) 구름 사진을 보고 날씨를 예측할 때, 구름 사진의 장점은 무엇일지 써 보시오. [2 점]

(3) 구름 사진이나 일기 예보와 실제 날씨가 맞지 않을 때가 있다. 그 이유는 무엇일까?

[2 점]

STEAM 융합 문항

07 다음 전기뱀장어에 대한 글을 읽고, 물음에 답하시오. [10 점]

전기뱀장어는 몸에 강력한 전류를 흘려 먹이를 기절시키고 잡아먹는다. 몸에 흐르는 전류의 원천은 전체 몸의 3/4 을 차지하는 꼬리이다. 꼬리 부분의 전기판이 전류를 생산하는 역할을 한다. 그 전류는 온몸을 거쳐 머리 쪽으로 흐르게 되어 건전지와 같이 머리 쪽은 (+) 전기가 되고 꼬리 쪽은 (-) 전기를 띠게 된다. 그러므로 전기뱀장어 몸의 앞뒤로 전선을 연결하면 두 전선은 건전지의 양극에서 연결된 두 전선과 같다. 이때 전기뱀장어의 최대 전압은 860 V 이다. 이는 우리가 흔히 쓰는 220 V 보다도 몇 배는 강한 수준이다. 특히 큰 먹잇감을 사냥할 때는 먹잇감을 입에 물고 몸을 웅크려서 'O' 모양으로 머리와 꼬리를 가깝게 만들어 먹잇감에 강력한 타격을 준다.

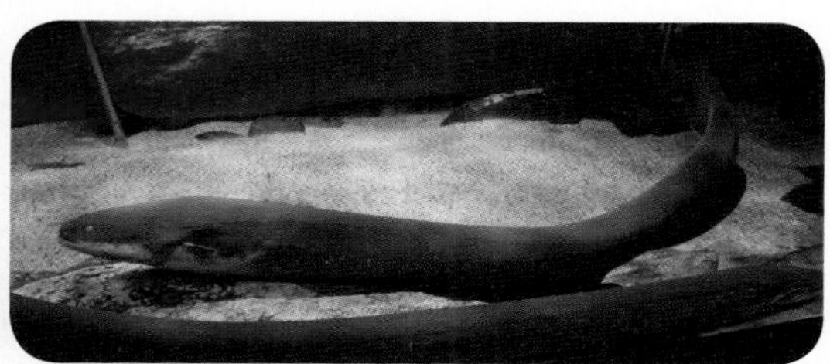

▲ 전기뱀장어

(1) 만약 사람이 이러한 전기뱀장어를 손으로 잡으면 감전되는 위험한 상황까지 올까? 감전은 외부에서 전압이 인체에 영향을 미칠 때 인체의 근육이나 장기에 전류가 흘러서 손상을 입게 되는 것을 말한다. 다음 <보기> 의 [자료 1] 과 [자료 2] 를 바탕으로 전기뱀장어에 의해 사람이 감전될 수 있는지 설명해 보시오. (단, 사람의 저항은 각 부분이나 건조한 경우, 체질 등에 따라 다르지만 보통의 경우 1000 Ω [옴] 이다.) [2 점]

[자료 1] 인체에 통과하는 전류 크기에 따른 증상

통과 전류의 크기	1 mA	5 mA	10 mA	20 ~ 100 mA	100 mA 이상
증상	약간 느낌	약한 경련	불쾌함을 느낌	강한 경련	사망 가능성

[자료 2] 옴의 법칙 : 전기 회로에 흐르는 전류(I) 는 전압(V) 에 비례하고, 저항(R) 에 반비례한다.

$$I[A] = \frac{V[V]}{R[\Omega]}$$

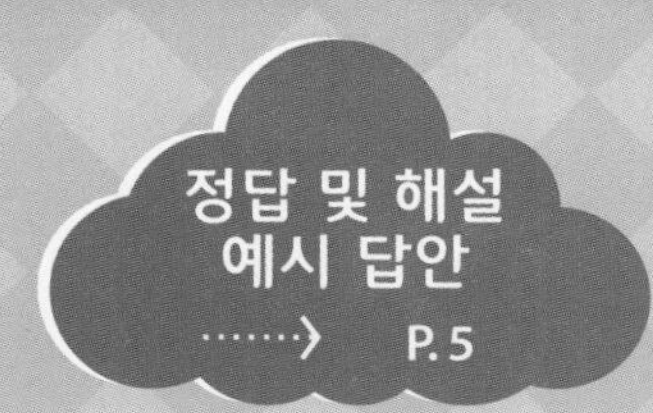

(2) 전기뱀장어가 사는 강이나 호수에서 전기뱀장어를 손으로 잡았을 때와 물 밖에서 잡았을 때 중 언제 더 감전이 잘 될까? 답을 쓰고 이유를 설명해 보시오. [3 점]

(3) 전기뱀장어는 최대 860 V 의 전기를 생산한다. 이러한 전기뱀장어를 실생활에 활용할 수 있는 방법을 고안해 보고, 설명하시오. [5 점]

STEAM 융합 문항

08 **갑작스러운 질식이나 사고, 심장 마비로 인하여 심정지가 왔을 때, 5 분 이내로 심폐소생술을 실시한다면 사람을 살릴 가능성이 커지므로 그 시간을 골든타임이라고 부른다. 다음은 성인을 기준으로 한 심폐소생술의 시행 순서이다. [8 점]**

1. 환자에게 접근하기 전에 구조자는 현장 상황이 안전한지를 먼저 확인하고, 안전하다고 판단되면 환자에게 다가가 어깨를 가볍게 두드리며 "괜찮으세요?" 라고 물어보면서 의식과 호흡을 확인합니다.
2. 호흡이 없다는 것을 알게 되면 주변 사람들에게 119 신고를 부탁하고 자동제세동기(AED) 를 요청합니다.

3. 심폐소생술을 준비하고, 가장 먼저 가슴 정중앙을 5 - 6 cm 깊이로 분당 100 회 이상 120 회 이하로 30 번 압박합니다. 이때 가슴 압박은 강하고, 빠르게 해야 합니다.

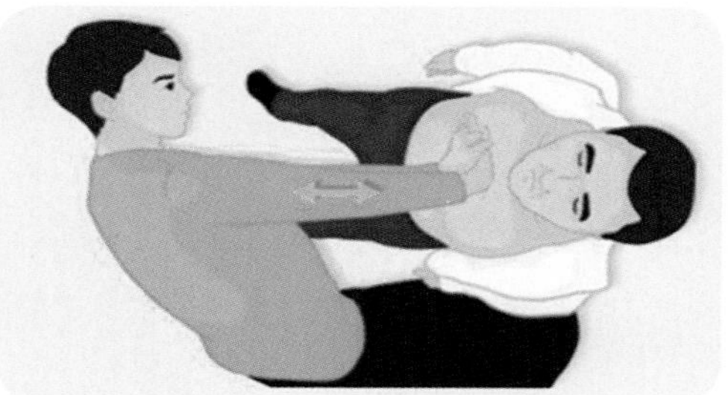

4. 환자의 머리를 뒤로 젖히고 턱을 들어주어 기도를 열어줍니다. 목뼈가 부러지는 손상을 받았을 가능성이 높은 환자의 경우에는 턱만 살며시 들어주어 기도를 열어 줍니다.

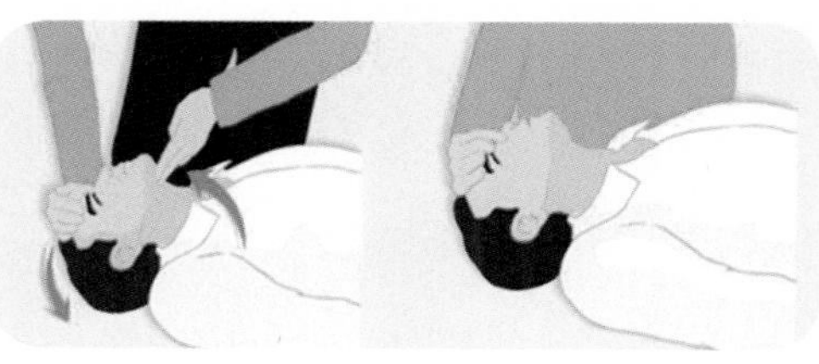

정답 및 해설
예시 답안
·······> P.6

5. 기도를 연 상태에서 인공호흡을 2 회 실시합니다. 환자의 코를 막고 입을 완전히 포개어 호흡을 불어넣습니다. 이때 한쪽 눈으로 환자의 가슴을 주시하면서, 환자의 가슴이 팽창해 올라올 정도로 공기를 서서히(1 - 2 초) 불어넣습니다.

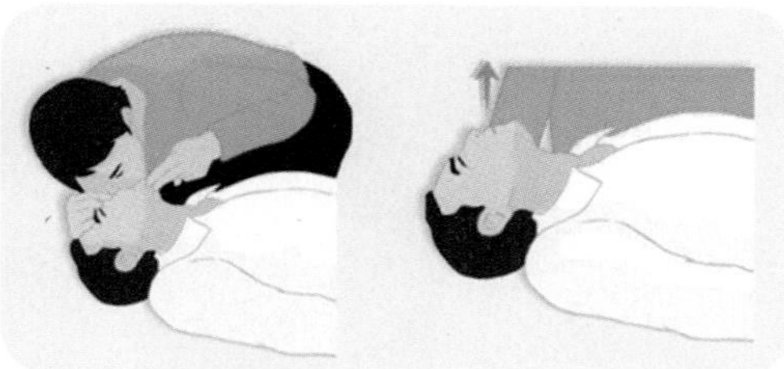

6. 119 구조대 혹은 전문 구조자가 도착할 때까지 "가슴 압박 30 회 : 인공호흡 2 회"의 비율로 심폐소생술을 반복 시행합니다.

(1) 3 번 과정에서 호흡이 없다는 것을 확인하고, 가장 먼저 가슴을 압박한다. 가슴을 압박하는 이유는 무엇일까? [2 점]

(2) 5 번 과정에서 인공 호흡을 할 때 환자의 코를 막는 이유는 무엇일까? [2 점]

(3) 환자의 생사를 결정지을 수 있는 시간으로 사고 발생 후 수술과 같은 치료가 이루어져야 하는 최소한의 시간을 골든타임이라고 한다. 심정지가 왔을 때, 왜 골든타임은 5 분일까? [4 점]

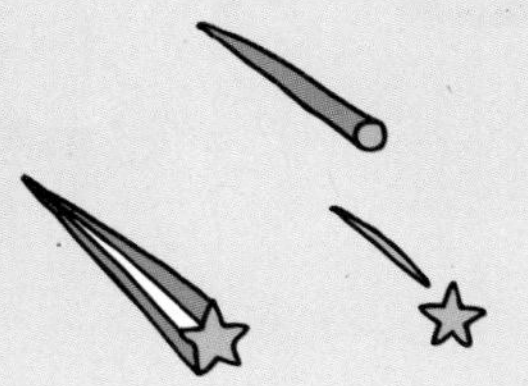

꾸러미 모의고사

2회

과학
초4-초5

- 총 문제수 : 8 문제
- 시험시간 : 70 분
- 총점 : 52 점
- 문항에 따라 배점이 다릅니다.
- 필기구 외에 계산기 등은 사용할 수 없습니다.

모의고사 점 수	나의 점수	총 점수
		52 점

02 꾸러미 48 제 모의고사

영재성 검사 문항

무한이는 학교 반장이다. 어느 날 무한이의 부모님은 학급에 관한 이야기를 나누기 위해 다른 4 명의 부모님을 저녁 식사에 초대했다. 식사를 하기 전에 서로 인사를 나누었다. 이 자리에 모인 사람들 각각은 자기가 전에 만나 본 적이 없는 사람하고만 악수를 했다. 그리고나서 무한이의 아빠가 몇 명의 사람과 악수를 했는지 엄마와 여덟 명의 손님(총 9 명)에게 물었더니 9 명 모두 악수한 횟수가 각각 달랐다. 무한이의 엄마는 몇 명의 사람과 악수를 했을까? [5 점]

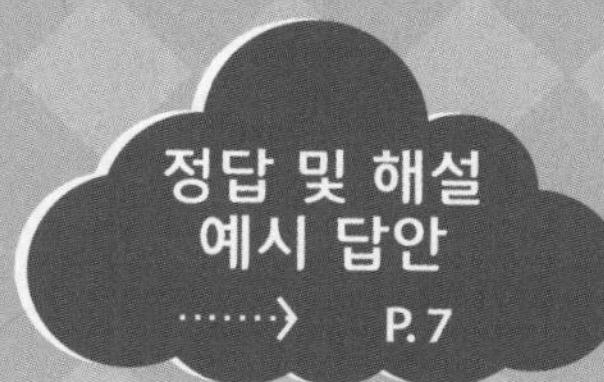

창의적 문제 해결 문항

02

다음과 같이 "?" 로 가려진 부분에 막대자석을 놓고 주위에 나침반을 놓았더니 각각의 나침반이 그림과 같이 가리켰다. 이때 "?" 로 가려진 부분에 막대자석 1 개로 가능한 자석의 배치와 막대자석 2 개로 같은 극끼리 나란히 붙여 놓지 않고 가능한 자석의 배치를 각각 그려 보시오. [6 점]

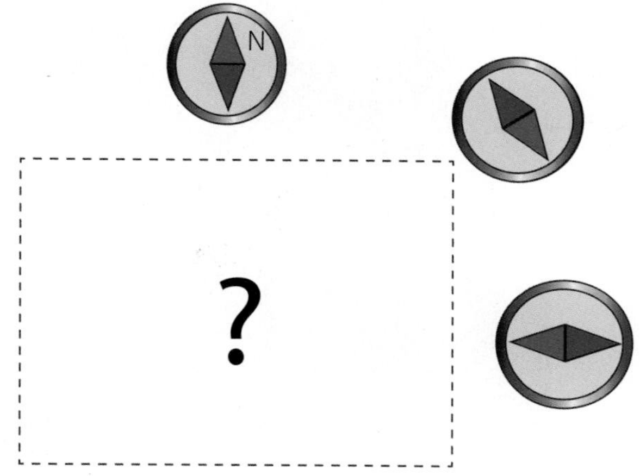

자석 1 개로 가능한 배치	자석 2 개로 가능한 배치
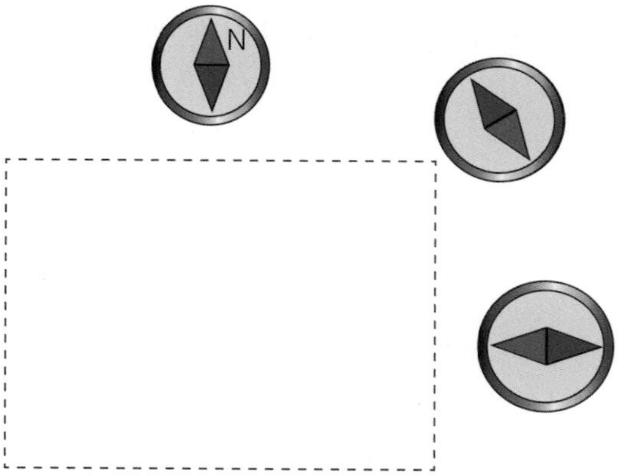 N	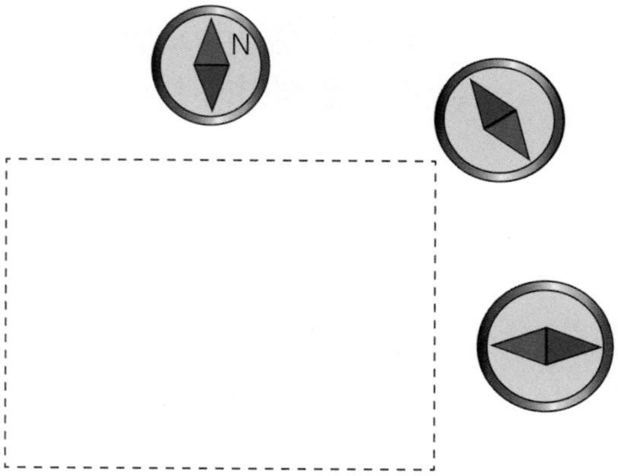 N

창의적 문제 해결 문항

혜원이는 가족들과 강원도 바다에 놀러 갔다. 그 바다는 깨끗해서 물고기가 지나다니는 것이 보였다. 혜원이는 물고기를 가까이에서 보고 싶어서 잠수를 한 후 눈을 떴지만 물 밖에서 볼 때보다 흐릿하게 보였다. 다음 물음에 답하시오.

혜원이의 실망한 모습을 보고, 엄마는 혜원이에게 물안경을 쓰고 보면 물고기가 선명하게 보일 것이라고 말했다. 물속에서 물안경을 쓰고 물고기를 봤을 때, 선명하게 보이는 이유를 설명해 보시오. [6 점]

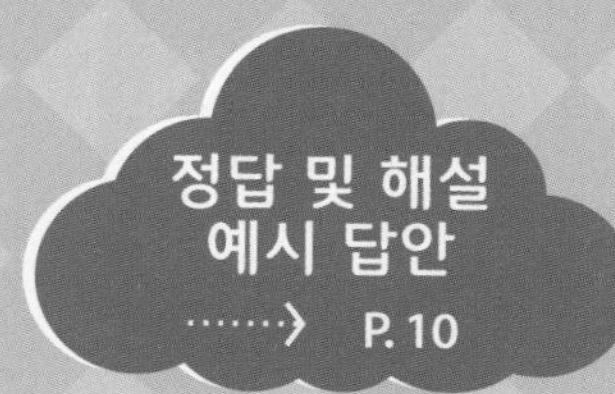

창의적 문제 해결 문항

영재는 부피플라스크 A, B 를 준비하여 부피플라스크 A 에는 얼음을 작게 갈아놓은 빙수 얼음을 채우고, 부피플라스크 B 에는 A 와 같은 높이만큼 물을 채웠다. 그리고 두 개의 부피플라스크의 입구를 모두 고무마개로 막은 뒤, 동시에 냉동실에 넣고 24 시간을 얼렸다. 다음 물음에 답하시오. [5 점]

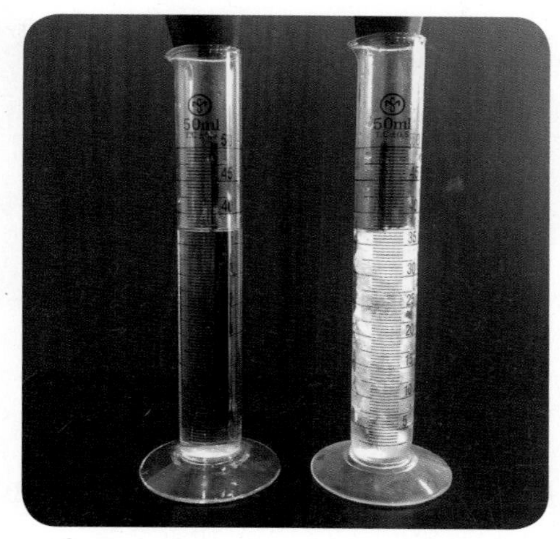

(1) 부피플라스크 A 와 B 를 동시에 냉동고에서 꺼냈을 때, 넣기 전과 비교하여 각각 어떤 변화가 생겼는지 쓰시오. [2 점]

(2) 물을 얼린 부피플라스크(B)의 얼음이 빨리 녹지 않게 하는 방법을 2 가지 이상 쓰시오. [3 점]

창의적 문제 해결 문항

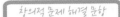

선영이는 양배추 지시약을 만들어서 특정한 용액에 떨어뜨려 색을 변화시킨 후, 그 색으로 딸기 그림을 그려보기로 했다.

딸기의 꽃받침 부분인 A 와 과육 부분인 B, 씨앗 부분인 C 를 표현하기 위해 각각의 물감을 어떻게 만들 수 있을지 써 보시오. (많이 쓸수록 점수가 높아집니다.) [5 점]

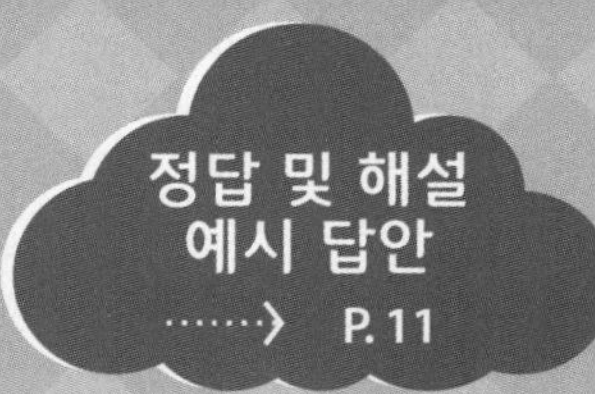

창의적 문제 해결 문항

사람이 주어진 자극의 변화를 느끼기 위해서는 처음 자극보다 일정한 비율 이상으로 더 강한 자극을 주어야 한다. 이것을 베버의 법칙이라고 한다. 다음은 베버의 법칙을 식으로 나타낸 것이다. 물음에 답하시오. [5 점]

$$K\ (\text{베버 상수}) = \frac{R_2\ (\text{나중 자극의 세기}) - R_1\ (\text{처음 자극의 세기})}{R_1\ (\text{처음 자극의 세기})} = \text{일정}$$

(1) 영재는 손바닥 위에 40 g 의 구슬이 놓여 있는 상태에서 10 g 짜리 구슬을 더 얹었을 때 더 무겁다고 느꼈다. 그렇다면 손바닥 위에 100 g 짜리 구슬이 놓여 있을 때 최소한 몇 g 짜리 구슬을 올려놓아야 더 무겁다고 느낄지 베버의 식을 이용하여 구해 보시오. [2 점]

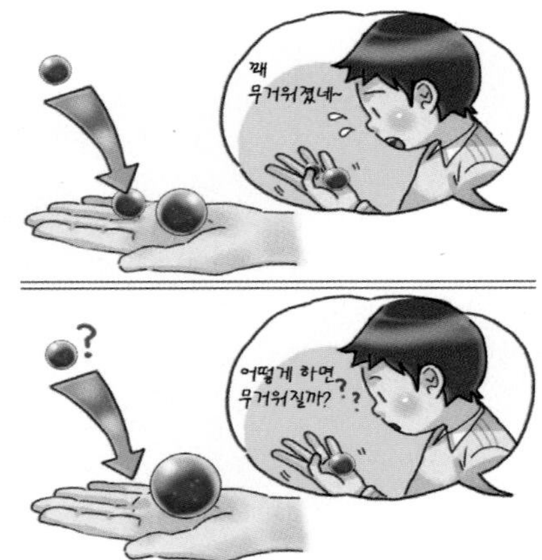

(2) 영재가 실험한 것과 같은 원리로 설명할 수 있는 현상을 2 가지 이상 쓰시오. [3 점]

STEAM 융합 문항

다음 글을 읽고 물음에 답하시오. [10 점]

식물의 조직 배양

대부분의 식물은 '전형성능' 이라는 특성을 가지고 있다. 전형성능이란 뿌리, 줄기, 잎, 꽃가루 등의 다양한 식물 조직 세포에서 하나의 완전한 식물체로 재생될 수 있는 능력을 말한다.
식물을 '전형성능' 을 이용해 식물 조직의 일부나 세포를 떼어내 인공적인 환경에서 키우고 증식시키는 것을 조직 배양이라고 한다. 식물의 조직 배양은 하나의 세포에서 유전적으로 같은 개체를 다량으로 얻을 수 있고, 품질이 우수하지만, 번식력이 약한 생물을 대량 생산할 수 있다. 따라서 조직 배양 기술은 번식력이 약한 생물이나 멸종 위기에 있는 희귀 동식물의 복원에 이용하기도 하고, 염색체나 질병을 연구할 수 있고, 의약품, 백신 개발에도 기여한다.

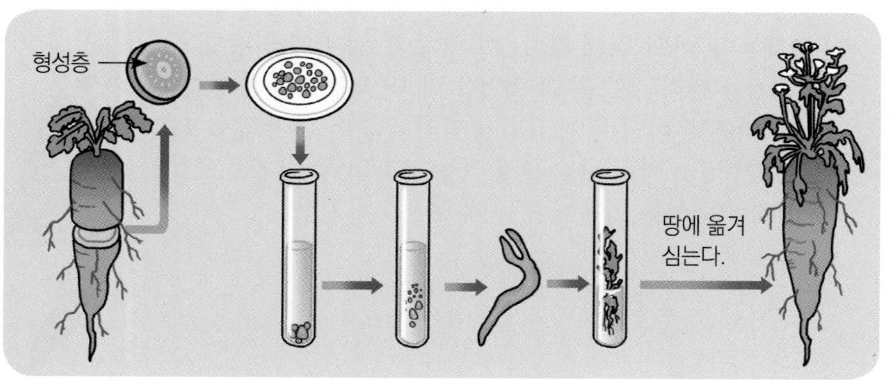

당근의 뿌리에서 조직 일부를 잘라낸다. → 배양액에서 배양한다. → 배양 세포가 형성된다. → 모든 기관을 갖춘 어린 식물이 만들어진다. → 완전한 식물체로 성장한다.

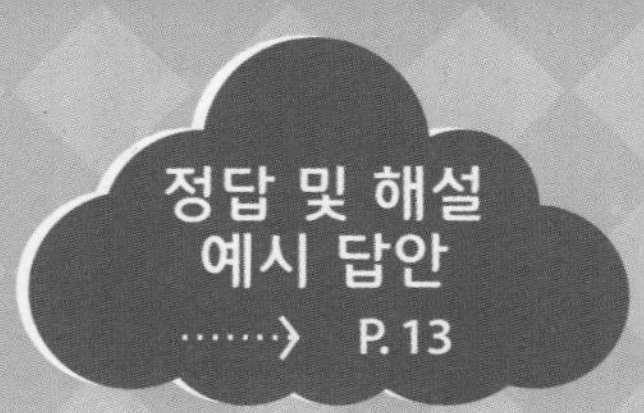

(1) 조직 배양을 통해 식물을 키울 때 이로운 점을 3 가지 이상 쓰시오. [4 점]

(2) 식물은 조직 배양을 하여 하나의 완전한 개체로 만들 수 있다. 그렇다면 동물도 조직 배양을 하여 완전한 개체로 만들 수 있을지 설명해 보시오. [6 점]

STEAM 융합 문항

08 다음 글을 읽고 물음에 답하시오. [10 점]

물속에 사는 원생생물

물에는 눈에 보이지 않을 정도의 작은 생물이 많이 살고 있다. 이러한 작은 생물은 동물이나 식물, 균류로 분류되지 않으며 생김새가 단순하고, 대부분 하나의 세포로 이루어져 있는 원생생물이다. 원생생물은 동물이나 식물보다 원시적인 형태의 생물을 말한다. 원생생물은 주로 물이 고인 연못이나 물살이 느린 하천과 같은 물에서 살고 있으며 바다에 사는 원생생물도 있다. 해캄, 반달말처럼 엽록체를 가지고 있어 스스로 영양분을 만드는 식물의 특징을 지닌 생물도 있고, 짚신벌레나 종벌레처럼 스스로 영양분을 만들지 못하고 작은 생물을 직접 먹는 동물의 특징을 지닌 생물도 있다. 또, 유글레나처럼 스스로 영양분을 만들기도 하면서 다른 생물을 잡아먹기도 하는 식물과 동물의 특징을 모두 지닌 생물도 있다.

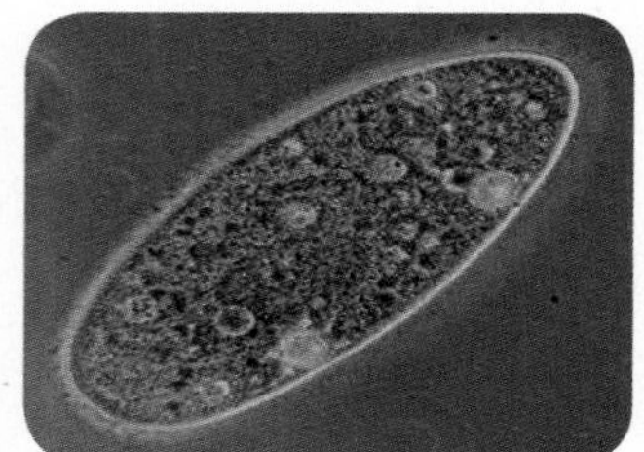

▲ 짚신벌레

녹조 현상

녹조 현상은 호수나 흐름이 느린 하천, 정체된 바다에서 조류가 대량 증식하여 물색을 녹색으로 변화시키는 현상이다. 수온이 높아지고 물속에 영양염류가 많아져 물속에 사는 원생생물 중 광합성을 할 수 있는 녹조류와 남조류가 크게 번식하면서 발생한다. 녹조가 발생하면 햇빛이 차단되고 산소가 유입되지 않는 문제점이 생긴다.

	녹조류	남조류
현미경 사진		
주 발생 시기	봄과 여름	여름과 가을
최적 성장 수온	10 °C ~ 20° C	20 °C ~ 30° C
물빛 색깔	옅은 녹색	진한 녹색

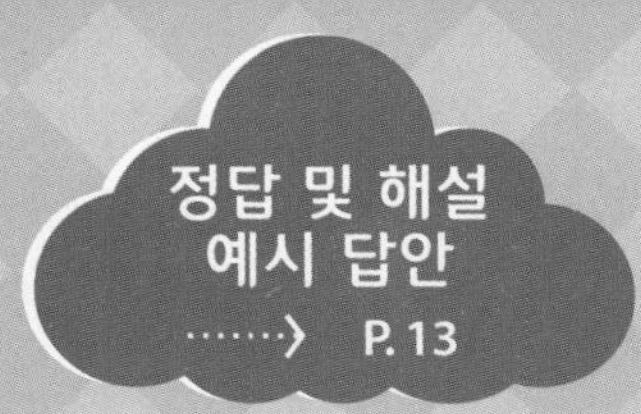

(1) 녹조 현상은 겨울철보다 여름에 더 발생하기 쉽다. 그 이유가 무엇일지 쓰시오. [2 점]

(2) 녹조가 발생하면 햇빛이 차단되고 산소가 유입되지 않는 문제점이 생긴다. 이러한 문제점이 우리에게 어떤 영향을 줄지 써 보시오. (많이 쓸수록 점수가 높아집니다.) [4 점]

(3) 녹조 현상을 예방할 수 있는 방법을 2 가지 이상 써 보시오. [4 점]

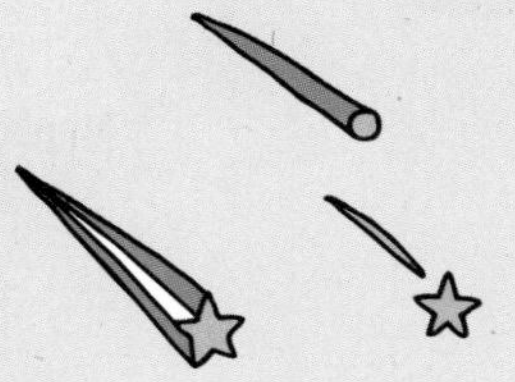

꾸러미 모의고사

3회

과학
초4-초5

- 총 문제수 : 8 문제
- 시험시간 : 70 분
- 총점 : 52 점
- 문항에 따라 배점이 다릅니다.
- 필기구 외에 계산기 등은 사용할 수 없습니다.

모의고사 점 수	나의 점수	총 점수
		52 점

영재성 검사 문항

01 다음 이야기가 잘 이어지도록 (장면 1) 과 (장면 2) 사이의 이야기를 써 보시오. (많이 쓸수록 점수가 높아집니다.). [5 점]

(장면 1) 엄마는 무한이에게 시장에 가서 두부 한 모를 사오라고 심부름을 시켰다.

답 :

(장면 2) 무한이는 집 앞에서 울고 있었다.

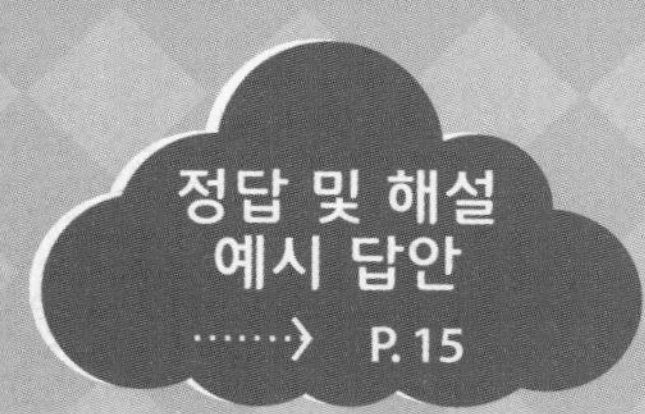

정답 및 해설 예시 답안 ······› P. 15

창의적 문제 해결 문항

02 다음 그림과 같이 크기와 모양, 두께가 같은 철판과 유리판이 있다. 철판과 유리판의 끝에 각각 촛농을 떨어뜨린 후, 다른 끝쪽을 토치로 가열하였다. [5 점]

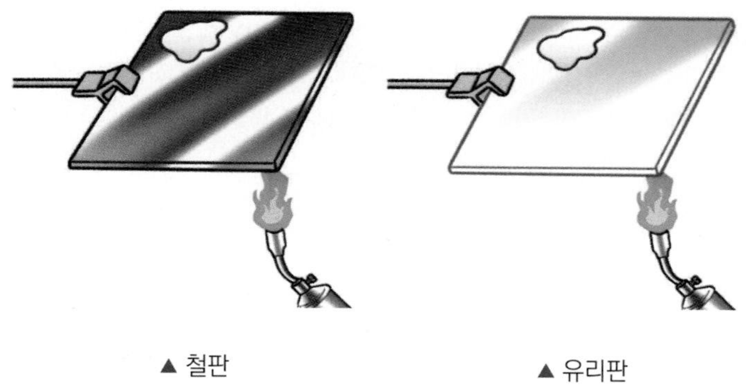

▲ 철판 ▲ 유리판

(1) 촛농이 더 빨리 녹는 것은 철판과 유리판 중 무엇인지 쓰고, 이유를 설명하시오. [2 점]

(2) 판에서 일어나는 열의 전달 과정을 서술해 보시오. [3 점]

창의적 문제 해결 문항

03 다음 글을 읽고 물음에 답하시오. [5 점]

마라톤 선수들은 뛰어난 지구력을 가지고 있다. 올림픽은 마라톤에서부터 시작되어 올림픽의 꽃이라고 부른다. 마라톤 선수는 심장 크기부터 일반인과 다르다. 일반인은 좌우 직경이 약 10 cm 에 불과하나 마라톤 선수는 16 cm 이상이다. 심장 무게 또한 차이를 보이며 마라톤 선수는 350 ~ 400 g 이지만 일반인은 약 300 g 에 불과하다.

(1) 마라톤 선수의 심장이 더 크고, 더 무거운 이유가 무엇일지 설명해 보시오. [2 점]

(2) 마라톤 선수들은 훈련을 받을 때 주로 고지 트레이닝을 한다. 그 이유를 써 보시오. [3 점]

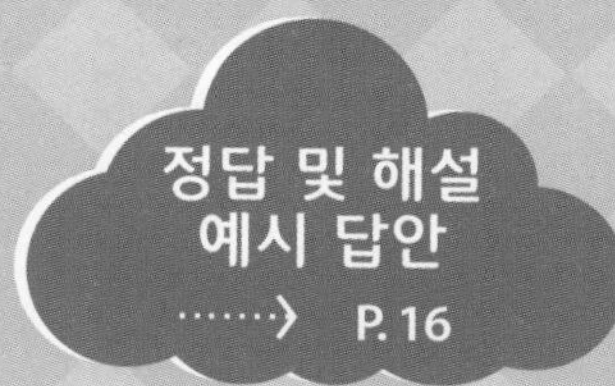

창의적 문제 해결 문항

혜원이는 어린이날에 가족과 함께 놀이공원에 놀러 갔다. 혜원이는 놀이공원에 도착하자마자 가장 좋아하는 범퍼카를 타러 갔다. 그런데 이날은 혜원이가 타고 있는 범퍼카의 상태가 안 좋아서 중간중간 자주 멈췄다. 다음 물음에 답하시오. [6 점]

(1) 멈춰있는 혜원이의 범퍼카를 향해 다른 범퍼카가 달려와 부딪혔다. 부딪히기 전과 부딪힌 후에 혜원이의 범퍼카와 다른 사람의 범퍼카 중 더 큰 힘을 받는 범퍼카를 써 보시오. [3 점]

(2) 범퍼카 놀이기구는 모든 사람이 안전벨트를 매야만 시작된다. 범퍼카를 탈 때 안전벨트를 매는 이유를 힘과 관련지어 설명해 보시오. [3 점]

창의적 문제 해결 문항

05 영재는 매일 같은 장소에서 초저녁에 달의 모양을 약 2 주 동안(음력 3 일부터 15 일까지) 관측하였다. [6 점]

(1) 영재가 2 주 동안 볼 수 있는 달의 이름을 모두 써 보시오. [3 점]

(2) 영재는 사진기를 초저녁 하늘에 고정시켜 놓고 매일 같은 시간에 달의 모습을 찍었다. 사진 속 달의 위치가 하늘에서 동쪽, 서쪽, 남쪽, 북쪽 중 어느 방향으로 이동할지 쓰고, 이유를 설명하시오. [3 점]

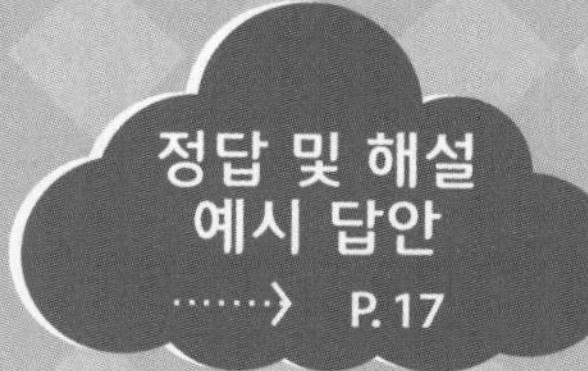

창의적 문제 해결 문항

무한이와 상상이는 학교가 끝나고 가방을 메고 집으로 향하고 있었다. 오늘따라 무한이는 메고 있는 가방이 무겁다고 상상이에게 투덜거렸다. 그런 무한이의 투덜거림을 듣고 상상이는 자신의 가방을 손으로 옮기고 다른 손으로 무한이의 가방을 들어봤지만, 무게가 크게 다르지 않다고 느껴졌다. 그래서 무한이가 가방을 어떻게 메고 있는지 살펴보다가 그 이유를 발견하게 되었다. 그 이유가 무엇일지 설명해 보시오. [5 점]

STEAM 융합 문항

07 다음 전자레인지에 대한 글을 읽고, 물음에 답하시오. [12 점]

전자레인지는 마이크로파라는 고주파를 이용하는 조리 기구이다. 전자레인지에는 '마그네트론' 장치가 고정되어 있는데, 이 마그네트론에서 나오는 2,450 MHz 의 마이크로파를 이용한다. 우리가 보통 먹는 음식물 속에는 많은 수분이 들어 있다. 이 물 분자에 마이크로파가 흡수되면 1 초에 24 억 5000의 회전수로 격렬하게 회전한다. 물 분자의 회전으로 발생한 열이 음식물을 데울 수 있는 것이다.

전자레인지에 음식물을 넣을 때 종이, 유리, 세라믹 등으로 만들어진 그릇이나 플라스틱 그릇은 마이크로파를 흡수하지 않고 통과시키므로 사용해도 된다. 그러나 금속의 경우는 다르다. 금속은 거울처럼 마이크로파를 반사하는 성질이 있으므로 전자레인지에 음식물을 담은 금속 그릇을 넣으면 마이크로파가 그릇 표면에서 반사되어 불꽃이 튀고 화재가 일어날 가능성이 있다.

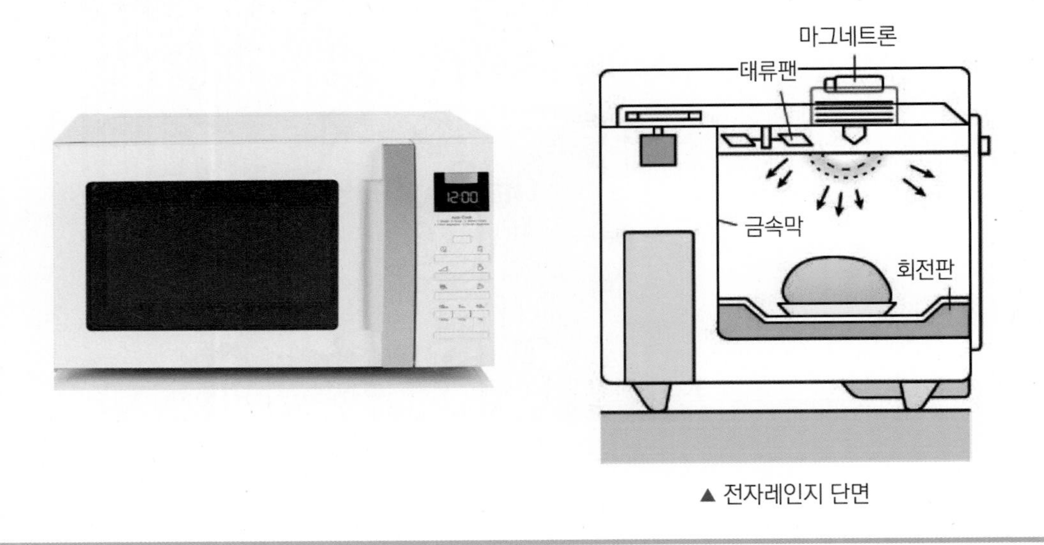

▲ 전자레인지 단면

(1) 종이로 된 우유팩을 뜯지 않고 데울 수 있을까? 답을 쓰고 이유를 설명하시오. [2 점]

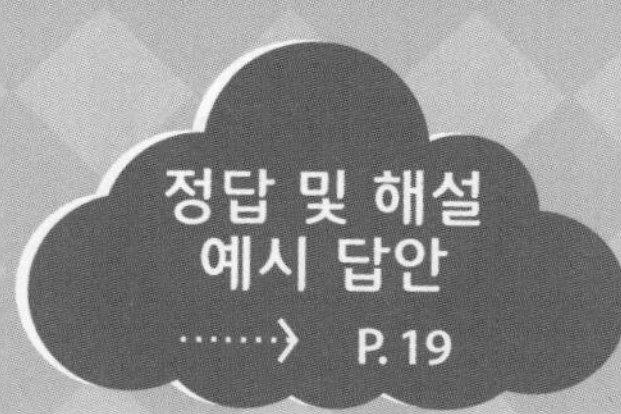

(2) 냉동실에 보관해 놓은 밥을 먹기 위해 밥을 그릇에 옮겨 담고 전자레인지에 돌렸다. 그리고나서 전자레인지에서 그릇을 꺼내려고 하면 밥그릇까지 뜨거워져서 맨손으로 꺼내기 어렵다. 그 이유를 설명하시오. [3 점]

(3) 전자레인지의 마이크로파를 내는 마그네트론은 작고, 고정되어 있어 음식물이 전체적으로 데워지기 어렵다. 전자레인지에는 이 문제를 해결하기 위한 장치가 있다. 그 장치가 무엇일지 전자레인지의 단면을 나타낸 그림을 보고 모두 찾아 설명해 보시오. [3 점]

(4) 음식을 가스레인지를 사용하여 데울 때와 비교했을 때, 전자레인지로 데울 때의 장점이 무엇일지 쓰시오. [4 점]

STEAM 융합 문항

08 다음 글을 읽고, 물음에 답하시오. [8 점]

백열전구

백열전구는 전자가 전자의 흐름을 방해하는 저항체인 필라멘트를 지나면서 발생하는 열을 이용한 것이다. 저항체인 필라멘트에 전류를 흘려주면 열이 발생하고 온도가 높아지면서 백색광을 낸다. 백열전구의 전기 에너지 일부는 빛을 내는 데 쓰고 대부분은 열로 방출된다. 또한 전류를 흘려줬을 때, 필라멘트가 쉽게 가늘어지거나 녹으므로 수명이 짧다.

LED

LED 는 다이오드라는 빛을 내는 전자 장치가 있다. 이 전자 장치에 전압을 걸어주면 전자가 이동하면서 빛을 낸다. 전류가 흐르면서 열로 바뀌는 것보다 전류가 흐르는 것을 그대로 빛에너지로 바꾸는 것이다. 발광다이오드는 한쪽 방향으로만 전류가 흐르고, 전류가 흐를 때 빛을 방출하는 성질이 있다. LED 에 사용되는 전자 장치에서 결합하는 원소의 종류에 따라 방출하는 빛의 색이 다르다.

발광다이오드는 외부 충격에 강하고, 안전하다. 백열전구와 달리 수명이 길고, 수은이나 충전 가스 등 인체에 해로운 물질을 사용하지 않아 친환경적인 조명이다.

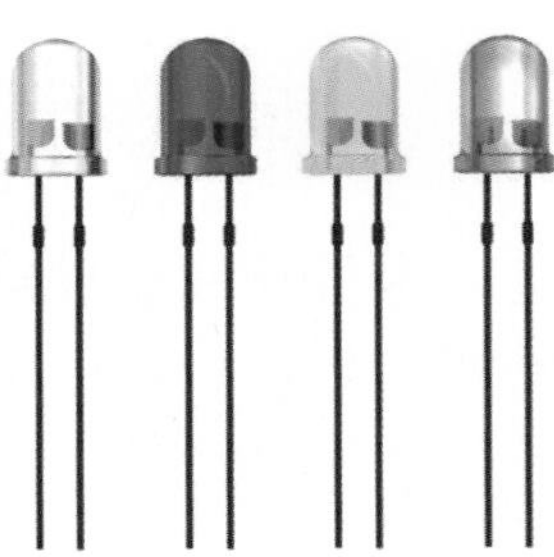

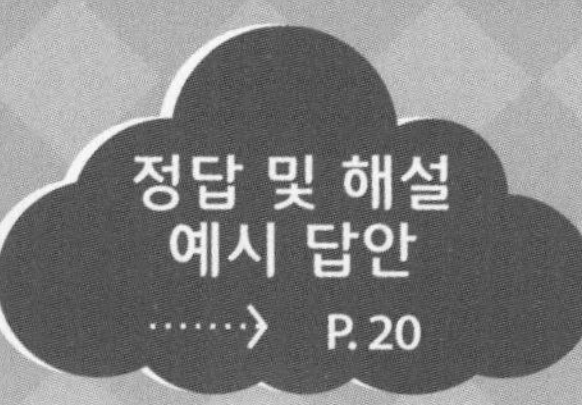

(1) 최근에 백열전구를 사용하던 신호등이 LED 를 사용한 신호등으로 교체되고 있다. 신호등을 LED 로 하면 장점이 무엇일지 써 보시오. [4 점]

(2) LED 의 빛은 사용되는 다이오드에 결합하는 원소의 종류에 따라 방출하는 색이 다르다. LED 빛의 색을 바꿀 수 있는 방법에는 또 무엇이 있을지 써 보시오. [4 점]

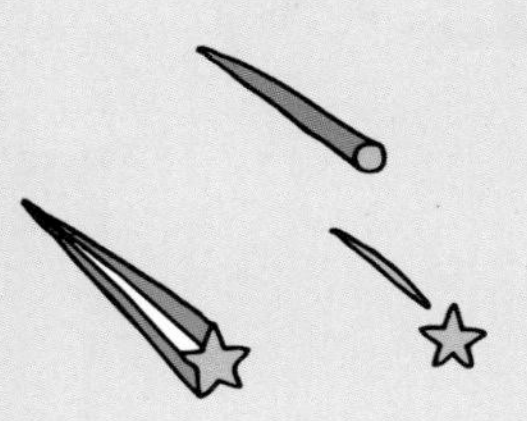

꾸러미 모의고사

4회

과학

초4-초5

- 총 문제수 : 8 문제
- 시험시간 : 70 분
- 총점 : 55 점
- 문항에 따라 배점이 다릅니다.
- 필기구 외에 계산기 등은 사용할 수 없습니다.

모의고사 점 수	나의 점수	총 점수
		55 점

영재성 검사 문항

무한이는 새해부터 친구들과 축구를 하기로 했다. 2019 년 1 월 1 일 부터 시작하여 11 일 간격으로 하기로 했다면 40 번 째로 축구를 하게 되는 날은 언제인지 구해 보시오. (단, 2019 년은 365 일이고, 2020 년은 윤달을 고려하여 계산해야 합니다.) [5 점]

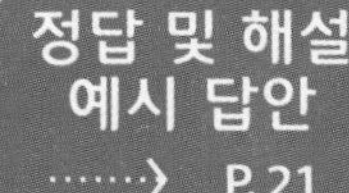

정답 및 해설 예시 답안 ·······> P. 21

창의적 문제 해결 문항

아래 그림과 같이 전구를 건전지에 연결했다. 다음 중 불이 들어오는 전구와 불이 들어오지 않는 전구는 무엇일지 각각 고르시오. 그리고 각각을 고른 이유를 전류와 저항의 관계를 이용해 설명하시오. [6 점]

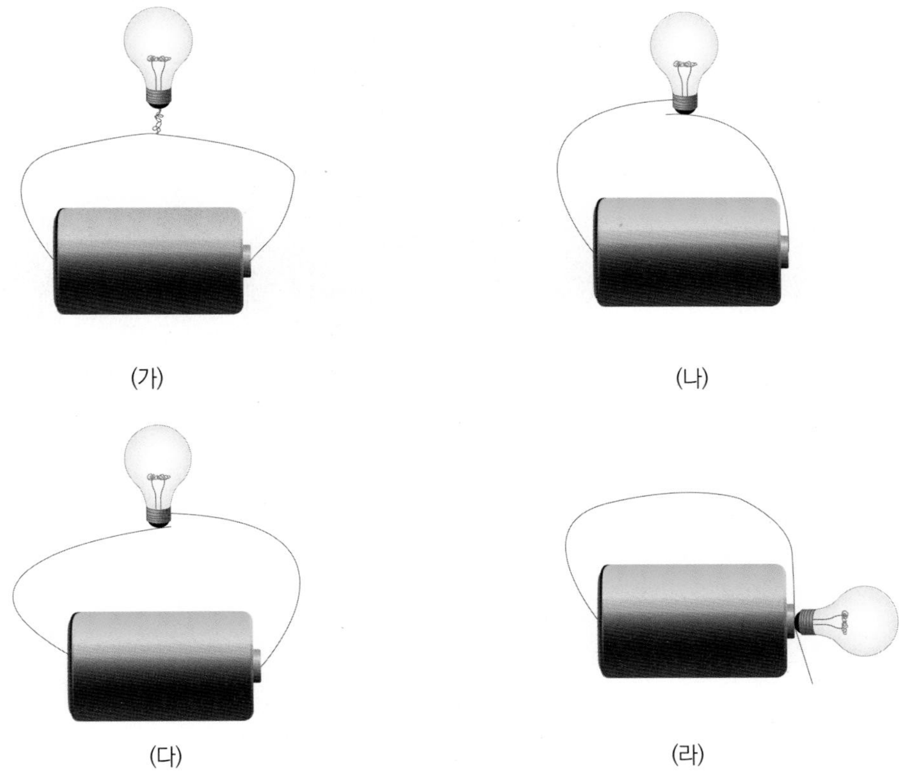

	기호	이유
불이 들어오는 전구		
불이 들어오지 않는 전구		

창의적 문제 해결 문항

03

고래는 폐로 호흡을 하며 물속에 사는 포유류이다. 몸의 열을 유지하기 위해 피부에는 두꺼운 지방층이 발달해 있고 몸무게는 수백 kg 에서부터 10 톤을 넘는 경우도 있다. [5 점]

(1) 고래는 잠수를 하다가 수면 위로 올라오면서 왜 분수 모양의 물을 내뿜을지 설명해 보시오. [2 점]

(2) 고래는 사람과 마찬가지로 허파 호흡을 하는 포유 동물이다. 그런데 고래는 육지로 올라오면 숨을 쉬지 못한다. 그 이유를 설명해 보시오. [3 점]

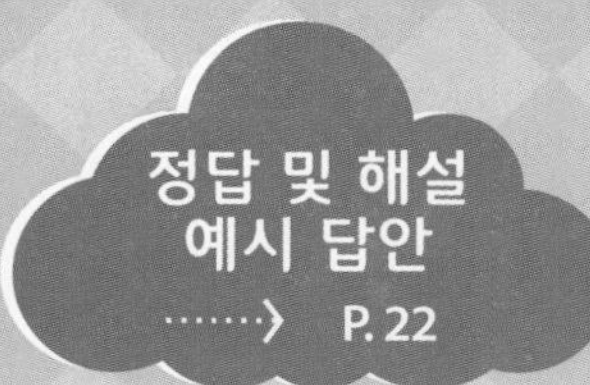

정답 및 해설 예시 답안 ……› P. 22

창의적 문제 해결 문항

다음은 혜원이가 자동길(무빙워크)을 따라 움직이는 선영이의 모습을 매 1 초마다 찍은 사진을 모두 합쳐 한 장으로 나타낸 것이다. 자동길 위에서 선영이는 (가) 구간에서는 천천히 걷다가 (나) 구간에서는 자신의 최고 속력으로 걸었고, 마지막 (다) 구간에서는 걷지 않고 서서 자동길의 속력으로만 가고 있었다. [6 점]

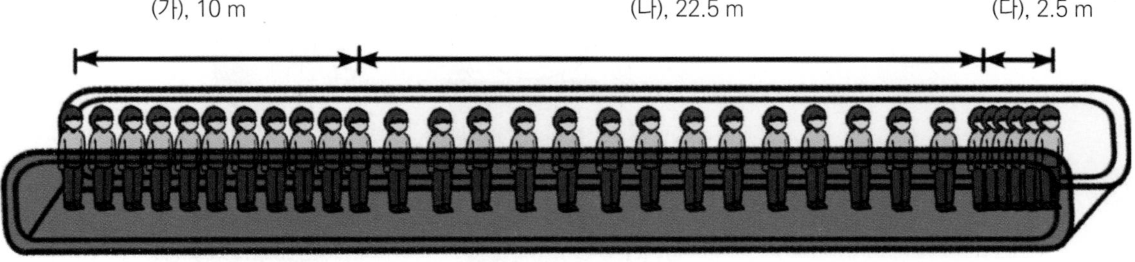

(1) (가) 구간에서 선영이가 움직이는 속력을 구하시오. [2 점]

(2) 자동길이 움직이는 속력을 구하시오. [2 점]

(3) 선영이가 맨 땅에서 최고 속력으로 걷는다면 속력이 얼마일지 구하시오. [2 점]

창의적 문제 해결 문항

05

□ 유창성
☑ 융통성
□ 독창성
☑ 정교성

사탕을 먹다가 기도에 걸린 사람을 봤을 때, 아래 방법으로 대처할 수 있다. [6 점]

(1) 사탕을 먹다가 기도에 걸렸다면 몸에 어떤 변화가 일어날지 써 보시오. [3 점]

(2) 사탕이 기도에 걸렸을 때, <보기> 의 '하임리히법' 이라는 응급처치 방법으로 사탕을 빼낼 수 있는 이유를 압력과 관련지어 설명해 보시오. [3 점]

<보기>

1. 구조자는 피구조자 뒤에 서서 자신의 한쪽 주먹을 꽉 쥔다.
2. 구조자는 피구조자를 뒤에서 안고, 쥔 주먹을 피구조자의 명치와 배꼽 사이에 놓고 다른 손으로 감싼다.
3. 구조자는 피구조자를 안은 채로 중심을 잡는다.
4. 구조자는 피구조자의 가슴 밑을 세게 5 번 정도 누르면서 밀어 올리는 것을 반복한다.

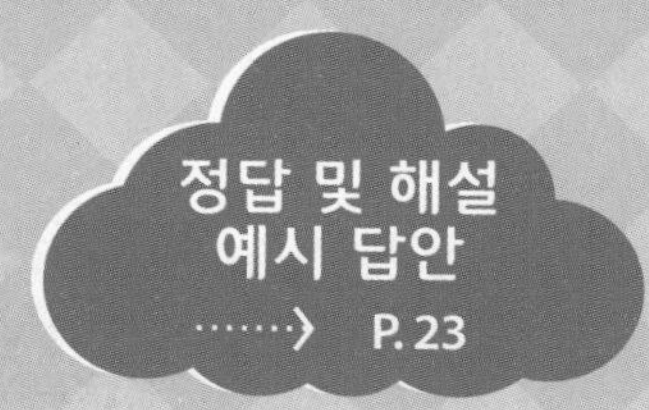

정답 및 해설 예시 답안 ……› P. 23

창의적 문제 해결 문항

06

□ 유창성
☑ 융통성
□ 독창성
☑ 정교성

연소는 어떤 물질이 산소와 만나 타면서 열과 빛을 내는 것을 말한다. 물질이 연소를 하기 위해서는 탈물질, 산소, 발화점 이상의 온도가 필요하다. [5 점]

(1) 위의 그림과 같이 볼록렌즈로 햇빛을 모아 불을 붙일 수 있다. 이처럼 불꽃을 갖다 대지 않아도 불이 붙는 이유를 써 보시오. [2 점]

(2) 겨울철에 오른쪽 그림과 같은 연탄을 화덕에 집어넣어 연소시키면 발생하는 열로 난방을 하기도 한다. 연탄은 주성분인 탄소로 되어 있고, 산소와 만나 연소된다. 이러한 연탄에 구멍이 왜 있을지 설명해 보시오. [3 점]

STEAM 융합 문항

07 다음 탄산음료와 관련된 글을 읽고, 물음에 답하시오. [10 점]

탄산음료

탄산음료는 낮은 온도와 높은 압력에서 물에 이산화 탄소를 녹인 탄산을 이용한 음료수이다. 콜라, 사이다, 환타, 탄산수 등이 있으며 톡 쏘는 듯한 느낌이 특징이다.

인터넷에 6 살 아이가 콜라가 든 캔을 따려다 일어난 폭발 사고로 얼굴이 찢어져 36 바늘이나 꿰맸다는 글이 올라왔다. 6 살 아이는 빨리 시원해지길 바라며 냉동실에 넣어 놨던 콜라를 따려고 마개를 여는 순간 캔이 폭발해 그 파편에 얼굴을 심하게 다쳤다는 내용이었다. 아이의 엄마는 다른 아이들도 이 같은 일을 당하지 않았으면 하는 마음에 안전을 위해 절대 콜라를 냉동실에 넣지 말라고 볼을 꿰맨 아들 사진과 함께 글을 올린 사건이 있었다.

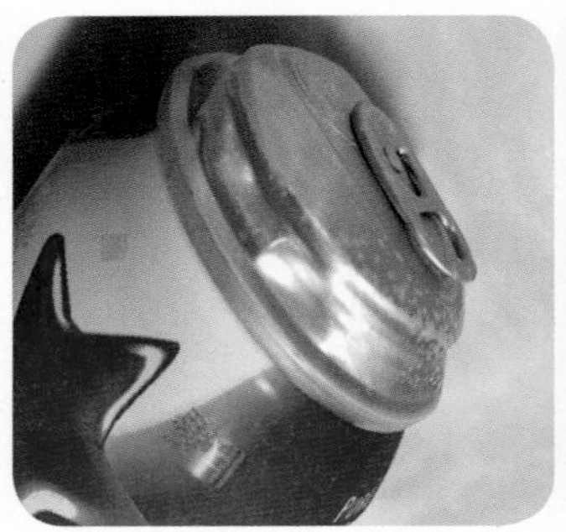

▲ 탄산음료를 얼리고 난 후

(1) 실온에서 보관한 캔 콜라와 냉장고에 보관한 캔 콜라를 열었을 때, 거품이 더 많이 발생하는 콜라는 어떤 콜라일지 쓰시오. [2 점]

정답 및 해설
예시 답안
……› P. 25

(2) 냉동 보관하여 언 캔 콜라의 마개를 땄을 때 폭발하는 이유를 압력과 관련지어 설명해 보시오. [3 점]

(2) 우리는 집에서 탄산음료를 만들어 볼 수 있다. 다음 <보기> 의 준비물을 모두 사용하여 탄산음료를 어떻게 만들 수 있을지 각 과정을 설명해 보시오. [5 점]

플라스틱컵, 랩, 고무줄, 설탕, 생수(물), 얼음, 약숟가락, 소다(탄산 수소 나트륨), 구연산(시트르산)

08 다음 야구에 대한 글을 읽고, 물음에 답하시오. [12 점]

야구

야구는 각 9 명으로 구성된 두 팀이 공격과 수비를 한 번씩 하면서 총 9 회의 경기를 진행한다. 수비 측 선수는 지키는 자리에 따라 투수, 포수, 1루수, 2루수, 3루수, 유격수, 좌익수, 중견수, 우익수로 구성되어 있다. 수비 측 선수들이 수비 위치에 들어가면 공격 측은 1 명씩 타석에 들어가는데, 이 선수를 타자라고 한다. 타자가 들어서면 투수는 타자가 서 있는 타석을 향하여 공을 던진다. 이 공에 대해 심판은 스트라이크나 볼을 선언한다. 스트라이크가 3 개가 되면 아웃이 되고, 볼이 4 개가 되면 타자는 1 루로 나간다. 타자가 공을 때렸을 때, 공이 땅에 떨어지기 전에 수비수가 잡으면 타자는 아웃이 되고 공이 지면에 닿은 후에 잡으면 공을 즉각 타자였던 주자가 뛰고 있는 방향의 베이스로 던진다. 각 베이스에 주자보다 공이 먼저 도착하면 해당 주자는 아웃이 되고, 공이 도착하기 전에 주자가 베이스에 도착하면 세이프가 된다. 이렇게 공격 측이 아웃을 3 번 당하기 전에 주자가 홈으로 돌아오면 그 사람의 수마다 1 점씩 부여된다. 3 번 아웃이 되면 공격과 수비를 교대하여 다시 같은 방식으로 게임을 9 회 까지 진행하여 승패를 결정한다.

(1) 초기의 야구 경기에서는 홈런이 한 경기에 10 개 이상씩 나왔다고 한다. 그 이유로 야구공의 모습은 아래의 그림처럼 점점 달라졌다. 올해 프로야구에서도 시원한 홈런을 보기가 쉽지 않았다. 힘껏 휘두른 배트에 제대로 맞은 공들도 수비수에게 잡히고 말았는데, 그것은 작년보다 실밥의 폭을 더 늘렸기 때문이다. 야구공에 있는 실밥의 역할이 무엇일지 설명해 보시오. [3 점]

▲ 초기 야구공

▲ 현재 야구공

정답 및 해설
예시 답안
……› P. 26

(2) 우리가 야구 게임을 하러 가거나 선수가 아닌 사람들은 알루미늄으로 만들어진 야구 배트를 사용한다. 그런데 야구 선수들이 사용하는 야구 배트는 나무로 만들어져 있다. 그 이유가 무엇일지 쓰시오. [4 점]

(3) 홈런을 친 선수들은 공이 야구 배트에 맞는 순간 두 손을 번쩍 들고 뛰거나 인터뷰를 해보면 "맞는 순간 홈런이라고 생각했다." 라고 말한다. 야구 배트에 '스위트 스팟' 이라는 지점에 공이 맞으면 선수들은 홈런임을 알아챈다고 한다. 어떻게 알 수 있을까? [5 점]

▲ 홈런을 친 이성열 선수의 모습

▲ 홈런을 직감하고 달려나가는 이성열 선수의 모습

꾸러미 모의고사

5회

과학

초4-초5

- 총 문제수 : 8 문제
- 시험시간 : 70 분
- 총점 : 52 점
- 문항에 따라 배점이 다릅니다.
- 필기구 외에 계산기 등은 사용할 수 없습니다.

모의고사 점 수	나의 점수	총 점수
		52 점

영재성 검사 문항

01 다음 대화를 읽고, 물음에 답하시오. [5 점]

선영 : 혜원아, 어제 과학 시간에 배운 식물에 대해서 같이 더 알아보자,
혜원 : 난 그림 그리고 싶은데....
선영 : 과학 숙제하려면 더 공부해야 하는데, 너는 숙제했어?
혜원 : 아니. 그건 그렇고 너도 그림 그릴래?
선영 : 내가 물어보는건 그게 아니잖아..

(1) 선영이와 혜원이의 대화가 자연스럽게 이어지지 않는 이유를 써 보시오. [2 점]

(2) 대화가 자연스럽게 이어지도록 빈칸에 적절한 말을 써 보시오. [3 점]

선영 : 혜원아, 어제 과학 시간에 배운 식물에 대해서 같이 더 알아보자.

혜원 : (   ).

선영 : 과학 숙제하려면 더 공부해야 하는데, 너는 숙제했어?

혜원 : (   ).

정답 및 해설
예시 답안
······› P. 27

창의적 문제 해결 문항

02 다음 글을 읽고, 물음에 답하시오. [6 점]

바나나는 사람들이 좋아하는 과일 중 하나이다. 달콤하고 씨가 없어서 먹기가 편해 인기가 많다. 바나나를 한 입 베어 물면 작은 갈색 점들을 볼 수 있는데, 이것은 자라서 씨앗이 될 수 있는 밑씨가 퇴화한 것이다. 그런데 사실 바나나는 씨가 많은 과일이다. 야생 바나나는 크고 딱딱한 씨가 많아 먹기가 힘들어 품종개량을 통해 현재 씨가 없는 바나나가 탄생했다. 오늘날 우리가 먹고 있는 씨 없는 바나나 품종은 캐번디시(Cavendish) 라는 품종이다.

▲ 야생 바나나

▲ 캐번디시 바나나

(1) 현재 우리가 먹고 있는 캐번디시 바나나는 씨가 없기 때문에 씨를 퍼뜨려 번식하지 않는다. 그렇다면 바나나를 어떻게 생산할 수 있을지 설명해 보시오. [3 점]

(2) 바나나는 왜 구부러진 모양을 하고 있을지 이유를 써 보시오. [3 점]

창의적 문제 해결 문항

손을 물에 오랫동안 담그면 손끝이 쭈글쭈글해진다. 물보다 우리 손을 이루는 세포의 농도가 높아 물이 손으로 이동하기 때문이다. 손의 피부에서 가장 바깥쪽 표피는 물을 잘 흡수하지만, 표피보다 아래쪽에 있는 진피와 피하지방은 물을 잘 흡수하지 못해 표피만 부피가 증가하여 쭈글쭈글해지는 것이다. 또한 우리 신경계는 손이 물에 장시간 노출되면 쭈글쭈글해지라고 명령을 내린다. 그 이유는 손이 물에 젖었을 때, 표면적을 넓혀 미끄러지지 않게 하기 위해서이다.

물속에서 손이 쭈글쭈글해지는 것은 생선을 소금에 절인 후 보관하면 세균이 쉽게 번식하지 못하여 오래 보관할 수 있는 원리와 같다. 세균이 번식하는 것을 소금이 어떻게 막을 수 있는지 설명해 보시오. [4 점]

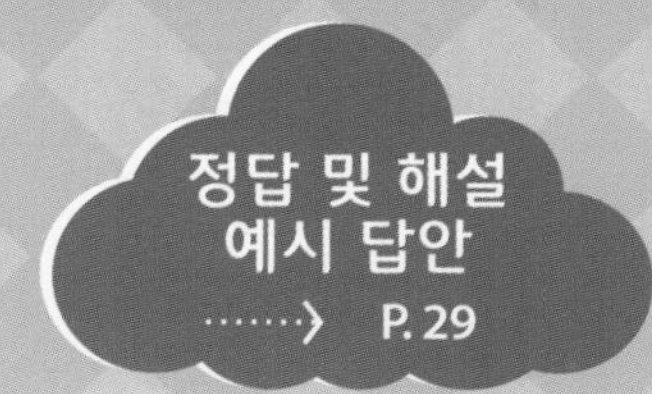

창의적 문제 해결 문항

다음 글을 읽고, 물음에 답하시오. [6 점]

상상이는 가족과 함께 고기를 구워 먹으러 식당에 가서 앉았더니 고기와 함께 마늘과 고추가 나왔다. 아빠가 고추를 먹는 것을 보고 상상이도 고추를 한입 베어 물었다. 그 순간 상상이는 너무 매워서 깜짝 놀랐다.

(1) 상상이가 고추를 먹고 매운맛을 느꼈을 때, 몸에서 일어날 수 있는 변화를 2 가지 이상 써 보시오. [3 점]

(2) 매운맛이 느껴지는 원리를 설명해 보시오. [3 점]

창의적 문제 해결 문항

05

무한이는 파리가 귓가를 지나가는 소리를 듣고 잠에서 자주 깨서 파리를 싫어한다. [5 점]

(1) 사람이 들을 수 있는 소리를 가청 주파수라고 하며, 20 ~ 20,000 Hz 이다. 가청 주파수를 생각하여 파리가 날아다니는 소리를 들을 수 있는 이유를 설명해 보시오. [3 점]

(2) 무한이는 어느 겨울날 잠을 자기 위해 누웠는데 귓가를 지나가는 파리 소리를 듣고 파리를 잡고 싶었다. 그런데 그 파리가 너무 빠르게 움직여서 잡을 수 없었다. 무한이는 파리가 여름보다 겨울에 빠르게 움직여서 더 잡기 힘들다고 생각했다. 무한이의 생각이 옳은지 이유와 함께 써 보시오. [2 점]

정답 및 해설
예시 답안
.......> P. 30

창의적 문제 해결 문항

06

영재는 친구와 장난을 치면서 친구의 몸을 만진 순간 손끝이 따끔함을 느끼고 급히 손을 뗐다. 영재는 이 따끔함이 겨울철에 방 문의 손잡이나 차 문의 손잡이를 잡는 순간 따끔했던 것과 같게 느껴졌다. 영재는 그 후에 학교에서 방전에 대해서 배웠는데, 그 내용은 다음과 같다. [6 점]

방전

전기를 띤 물체를 공기 중에 오래 두면 전자가 주변의 공기로 나가거나 공기로부터 전자가 들어와서 전기적으로 중성인 상태로 되는 현상이다. 번개는 대규모의 방전 현상이다. 번개는 구름 속에서 물방울과 작은 얼음들이 부딪히면서 마찰을 일으켜 얼음이 물에게 전자를 빼앗긴다. 그러므로 구름 위쪽은 (+) 전하를 띠고, 구름 아래쪽은 (−) 전하를 띤다. 이때 두 전하가 서로 부딪히거나 구름 속의 전자가 지면으로 이동하면서 순간적으로 강력한 전기를 만드는 것이 번개이다.

▲ 번개 방전

(1) 방 문의 손잡이나 차 문의 손잡이를 잡았을 때도 따끔함이 느껴진다. 이처럼 영재가 친구의 몸을 만진 순간 따끔함을 느끼는 이유가 무엇일지 설명해 보시오. [3 점]

(2) 영재는 다른 사람들에 비해 자신이 이 따끔함을 자주 느낀다고 생각했다. 실제로 사람마다 이 따끔함을 느끼는 정도가 다를지 설명해 보시오. [3 점]

STEAM 융합 문항

07 다음 글을 읽고 물음에 답하시오. [10 점]

단풍나무

가을에 산을 올라가면 단풍나무로 붉게 물든 모습을 볼 수 있다. 등산객들은 매년 가을 이러한 단풍을 보기 위해 산을 오른다. 높은 산에 올라야 더 아름다운 단풍나무를 볼 수 있는 것은 단풍나무가 대체로 비스듬한 산악 지대나 산지의 계곡에서 더 잘 자라기 때문이다.
단풍잎은 마치 손바닥을 펼친 것처럼 5 ~ 7 개로 갈라지고, 끝이 뾰족하고 가장자리가 톱니 모양이다. 울긋불긋한 단풍잎을 주워 책갈피로 보관하기도 한다.

단풍나무 열매는 특이한 모양이다. 단풍나무 열매에는 날개가 있다. 날개 달린 열매의 종류를 '시과'라고 부른다. 봄에 핀 작은 꽃에서 2 개의 날개가 달린 열매가 맺힌다. 열매를 중심축으로 양쪽에 잠자리 날개와 같은 생김새의 얇은 날개가 달려있다. 이러한 '시과' 종류의 열매에는 물푸레나무의 열매, 신나무의 열매 등이 있다.

▲ 단풍나무 열매

▲ 물푸레나무의 열매

▲ 신나무의 열매

정답 및 해설
예시 답안
······› P. 31

(1) 가을에 단풍잎이 빨갛게 물드는 이유를 설명해 보시오. [3 점]

(2) 단풍나무의 열매가 갖는 장점이 무엇인지 써 보시오. [3 점]

(3) '시과' 라는 날개 달린 열매를 보고 떠오르는 것을 써 보시오. (많이 쓸수록 점수가 높아 집니다.) [4 점]

STEAM 융합 문항

08 다음 글을 읽고 물음에 답하시오. [10 점]

눈 결정

자연에서 내리는 눈은 기온이 0 °C 이하가 되었을 때, 만들어진다. 공기 중의 차가운 수증기가 모래, 먼지 등의 입자와 충돌해 빙정핵을 만든다. 이 빙정핵 주위로 수증기가 승화하여 얼음이 되면서 커지고 무거워져서 아래로 떨어지면 눈이 되는 것이다. 눈은 빙정핵을 중심으로 조금씩 자라면서 주로 육각형의 가지 모양을 나타내게 된다. 하늘에서 내리는 눈은 조금씩 다른 모양을 가지고 있는데, 눈의 모양은 대기의 기온과 수분의 양에 따라 달라지게 된다.

      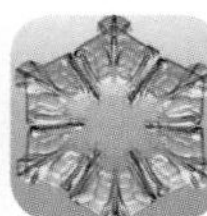 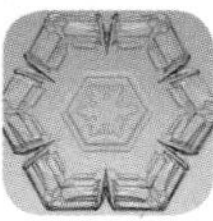

인공눈

스키장에서 인공눈을 만들어낼 때, 팬 타입의 제설기를 이용한다. 대형 팬이 엄청난 속도로 돌면서 강한 바람을 일으키면 노즐에서 분사되는 물이 이 바람의 영향으로 하늘을 향해 쏘아 올려지고 온도가 낮아져 순간적으로 눈이 만들어 지는 것이다. 이 인공눈은 영하 3 °C 일 때 잘 만들어진다.

정답 및 해설
예시 답안
……› P. 32

(1) 무한이는 눈이 많이 내리는 겨울을 좋아한다. 눈이 많이 내리던 날 무한이는 상상이에게 나가서 눈사람을 만들자고 했다. 그런데 상상이가 오늘 내리는 눈은 함박눈이 아니라서 눈사람을 만들 수 없다고 했다. 상상이가 한 말의 의미가 무엇일지 함박눈의 특징과 관련지어 설명해 보시오. [3 점]

(2) 제설기에서 만들어지는 눈의 결정도 자연 눈의 결정처럼 여러 가지 모양을 가지고 있을지 아니면 단순한 모양일지 쓰고, 이유를 설명해 보시오. [3 점]

(3) 자연 눈은 밟으면 뽀드득뽀드득 소리가 나는데 인공 눈은 이런 소리가 나지 않는다고 한다. 인공 눈의 모양과 관련하여 이를 설명하시오. [4 점]

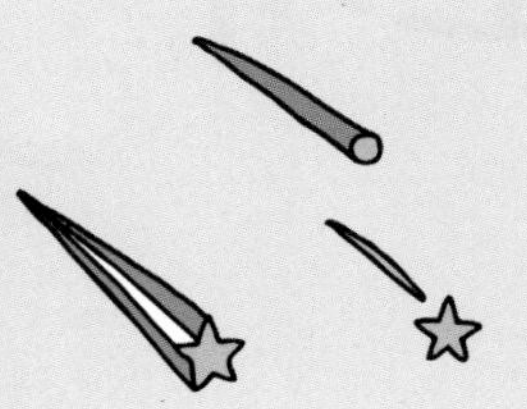

꾸러미 모의고사

6회

과학

초4-초5

- 총 문제수 : 8 문제
- 시험시간 : 70 분
- 총점 : 54 점
- 문항에 따라 배점이 다릅니다.
- 필기구 외에 계산기 등은 사용할 수 없습니다.

모의고사 점수	나의 점수	총 점수
		54 점

06 꾸러미 48 제 모의고사

영재성 검사 문항

이번에 본 과학 시험 점수가 나왔다. 우리 반에서 정후, 선진, 광민, 은원, 선영, 혜원, 훈영, 준모가 1 등부터 8 등 까지 했다. 다음 <보기> 의 대화에서 8 명 중 세 사람이 바르게 말하고 있을 때, 1 등이 누구인지 찾으시오. [5 점]

<보기>

혜원 : 훈영이 또는 준모가 1 등을 했어.
선진 : 내가 1 등이야.
선영 : 광민이가 1 등이야.
은원 : 선진이는 1 등이 아니야.
광민 : 혜원이가 틀리게 말했어.
훈영 : 나는 1 등이 아니고, 준모도 1 등이 아니야.
정후 : 선영이는 1 등이 아니야.
준모 : 혜원이의 추측이 맞아.

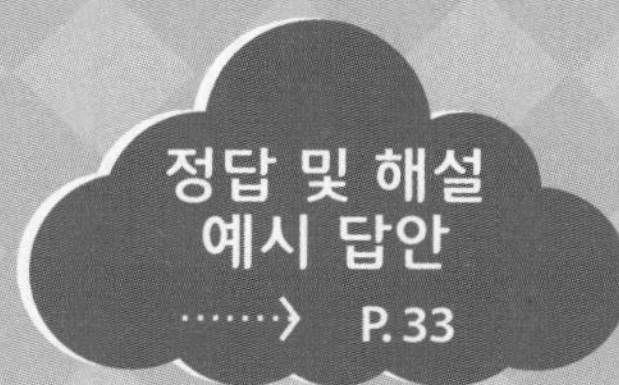

창의적 문제 해결 문항

영재는 가족과 함께 호수로 낚시를 하러 갔다. 아빠와 낚싯대를 설치해 놓고 물고기가 잡히기를 기다리던 중에 물에 떠다니는 장난감을 발견했다. 영재는 바람도 불지 않아 그 자리에 가만히 떠 있는 장난감이 자신에게 가까워졌으면 좋겠다고 생각했다. 그래서 영재는 장난감 앞으로 돌멩이를 던졌다. 그때 장난감이 영재쪽으로 가까워질까? 멀어질까? 답을 쓰고, 이유를 설명하시오. [6 점]

창의적 문제 해결 문항

03

콩기름은 콩 속의 지방을 분리하여 얻는다. 콩에는 지방, 탄수화물, 단백질 등이 들어 있다. 이 중에서 콩기름이 되는 지방 성분만 분리하려면 콩을 특정 용매에 녹여 지방만 분리해야 한다. 콩의 성분 중 지방은 에테르에 잘 녹지만, 단백질이나 탄수화물은 에테르에 녹지 않는다. 다음 물음에 답하시오. [6 점]

(1) 다음 <보기> 의 준비물을 이용하여 콩 속에서 콩기름을 분리할 수 있는 방법을 서술해 보시오. [3 점]

콩, 막자사발, 스포이드, 에테르, 거름종이, 깔대기, 증발 접시, 핫플레이트

(2) 이와 같은 방법으로 혼합물을 분리하는 예를 2 가지 이상 찾아 써 보시오. [3 점]

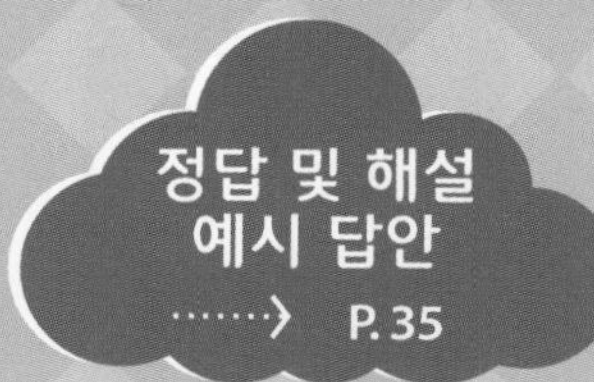

창의적 문제 해결 문항

04 **오늘 반 친구들이 무한이네 모여 라면을 끓여 먹기로 했다. 무한이가 직접 친구들을 위해 라면을 끓여주기로 했다. [5 점]**

(1) 무한이는 라면을 끓일 때 면보다 스프를 먼저 넣어야 더 맛있게 먹을 수 있다고 했다. 그 이유가 무엇일지 설명해 보시오. [3 점]

(2) 친구들은 면발이 쫄깃한 라면이 좋다고 했다. 라면을 끓일 때, 면발을 쫄깃하게 끓일 수 있는 방법에는 무엇이 있을지 써 보시오. [2 점]

창의적 문제 해결 문항

05

추운 겨울날 영재는 차를 좋아하는 엄마를 위해 차를 끓여주기로 했다. 엄마는 부엌에 있는 다음의 컵들 중 하나에 타오라고 말하셨다.

엄마가 차를 오랫동안 따뜻하게 드시게 하기 위해서 영재는 위의 컵 중 어떤 색의 컵을 선택해야 할지 기호를 쓰고, 이유를 설명하시오. [5 점]

정답 및 해설
예시 답안
……› P. 36

창의적 문제 해결 문항

06 다음 글을 읽고 물음에 답하시오. [5 점]

곤충의 눈은 여러 개의 낱눈이 모여서 이루어진 겹눈이고, 자외선을 감지할 수 있다. 벌의 경우 한쪽 눈에 약 5,500 개, 파리의 경우 약 4,000 개의 낱눈이 있으며 인간의 눈과 비슷한 파장대인 300 nm ~ 650 nm 영역의 빛을 수용하여 색깔과 형태를 어느 정도 구별할 수 있다. 그러나 눈의 구조 자체가 겹눈 구조이기 때문에 곤충이 바라보는 세상은 모자이크처럼 엉성한 세상이다. 또한, 인간과 다르게 자외선을 감지할 수 있다. 카메라에 자외선만 통과시키는 필터를 끼운 ㉡ 자외선 감지 카메라로 꽃의 흑백 사진을 찍어보면, 꽃에서 꿀이 있는 중앙으로 갈수록 더욱 진하게 보인다. 곤충은 자외선을 감지할 수 있으므로 그들 눈에 비친 세상에서 꿀을 더 쉽게 찾는다. 새도 곤충과 마찬가지로 자외선을 감지할 수 있다. 수컷 들쥐는 소변으로 자신이 다니는 길을 표시하는데, 대소변에 자외선을 반사하는 화학 물질이 들어 있어 매와 같은 새는 들쥐가 밀집해서 사는 지역을 찾아내어 그 지역을 집중적으로 공격한다.

▲ 우리가 보는 꽃의 사진

▲ 자외선 카메라로 찍은 꽃의 사진

(1) 파리는 시력이 나빠서 인간이 다가가도 잘 알아차리지 못한다. 그러나 파리를 잡으려고 손을 뻗으면, 파리는 이것을 알아채고 재빠르게 도망간다. 파리는 어떻게 그럴 수 있을까? [3 점]

(2) 꽃이 ㉡ 과같이 자외선을 방출하는 이유를 설명해 보시오. [2 점]

STEAM 융합 문항

07 **다음 글을 읽고 물음에 답하시오. [12 점]**

3D 프린터

3D 프린터는 3 차원의 도면으로 3 차원의 결과물을 만들어내는 프린터이다. 기존 인쇄 방식의 2D 프린터의 경우 XY 축을 이용하여 인쇄를 하지만 3D 프린터는 상하 운동이 가능한 Z 축이 있기 때문에 3 차원의 결과물을 얻을 수 있다. 만들고자 하는 물건을 컴퓨터로 가로로 1만 개 이상 잘라내 분석한다. 컴퓨터는 그 데이터를 바탕으로 얇은 막 형태로 한 층씩 데이터를 보내주고, 한 층씩 받은 데이터를 액체나 미세한 분말로 된 원재료를 노즈를 통해 분사하는 형식이다. 한 층이 끝나면 노즐이 살짝 위로 상승하고 다시 다음 층에 해당하는 데이터를 받아 분사한다. 이런 식으로 탑을 쌓듯 물건의 바닥부터 꼭대기까지 쌓아 올려 완성한다.

두바이에서는 2030 년까지 제작하는 건물의 25 % 를 3D 프린터를 이용해 제작하겠다는 계획을 세웠다. 그 후 얼마 지나지 않아 3D 프린터로 제작된 사무 공간을 공개했다. 놀라운 점은 이 사무실이 단 17 일 만에 제작되었다는 점이다. 사실 3D 프린터를 이용해 각종 건물을 제작한 것은 두바이가 처음이 아니다. 중국이나 대만 등에서 3D 프린팅 기술을 이용해 각종 건물을 지었으나 사람이 생활할 수 있는 제대로 된 주거 공간을 제작했다고 보기에는 어려웠다. 하지만 두바이에서 3D 프린팅 기술을 이용해 제작한 사무실은 초기와는 달리 어느 정도 생활이 가능해 보였다. 그들이 앞으로 공개할 3D 빌라는 현재 우리가 생활하는 집과 다를 부분이 없을 것이라고 기대하고 있다.

(1) 3D 프린터를 이용하여 건축물을 만들 때의 장점을 3 가지 이상 써 보시오. [3 점]

정답 및 해설
예시 답안
P. 37

(2) 3D 프린터를 이용해서 만들기 어려운 것은 무엇이 있을지 쓰고, 설명하시오. [4 점]

(3) 앞으로 3D 프린터가 생산이 된다면 미래에 어떤 직업이 생겨날지 설명해 보시오. [5 점]

STEAM 융합 문항

08 다음 글을 읽고 물음에 답하시오. [10 점]

심장과 혈관

심장은 주먹만한 크기의 근육질 주머니로 2 개의 심방과 2 개의 심실로 구성 되어 있으며 가슴의 중앙에서 약간 왼쪽에 위치한다. 심방은 심장으로 들어오는 혈액을 받아들이는 곳으로 심실에 비해 크기가 작고 내벽이 얇으며, 정맥과 연결되어 있다. 심실은 심장 밖으로 혈액을 내보내는 곳으로 내벽 근육층이 두껍고 탄력이 강하며 동맥과 연결되어 있다.

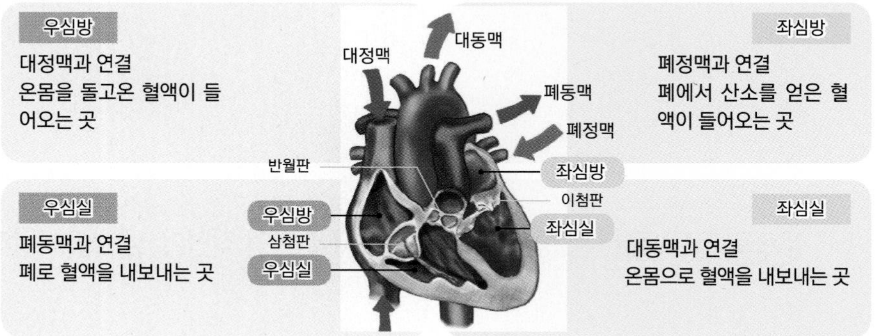

혈관의 종류에는 동맥, 모세혈관, 정맥이 있다. 동맥은 심장에서 나가는 혈액이 흐르는 혈관으로 심실과 연결되어 있고, 심실의 수축에 의한 높은 혈압을 견디기 위해 혈관벽이 두껍고 탄력이 강하다. 모세혈관은 동맥과 정맥을 연결하는 혈관으로 온몸에 그물처럼 퍼져 있어 산소와 영양소를 공급하고 이산화 탄소와 노폐물을 받는 물질교환을 담당한다. 정맥은 심장으로 들어 오는 혈액이 흐르는 혈관으로 심방과 연결되어 있다. 혈압이 낮기 때문에 혈관벽이 동맥보다 얇고 탄력성이 약하다.

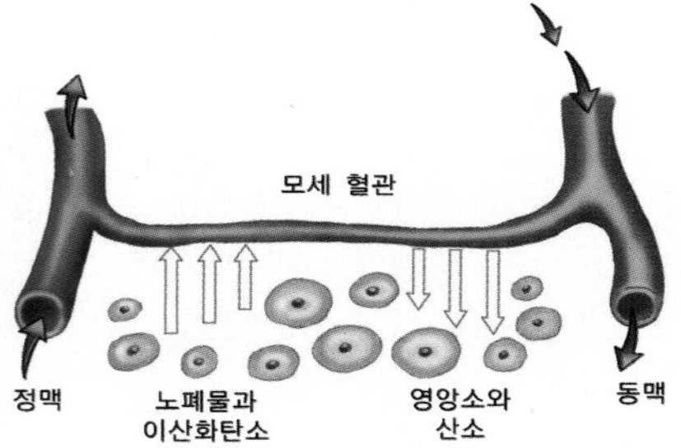

우리 몸에서는 심장에서 나온 혈액이 동맥, 모세혈관, 정맥을 거쳐 다시 심장으로 돌아가는 온몸 순환이 일어난다. 온몸 순환이란 좌심실에서 나온 혈액이 온몸을 돌면서 조직 세포에 산소와 영양소를 주고, 조직 세포에서 생긴 이산화 탄소와 노폐물을 받아 우심방으로 들어오는 혈액 순환 과정이다.

정답 및 해설
예시 답안
······› P. 38

(1) 기린은 키가 5 m 가 넘고, 심장에서 머리까지 3 m 나 된다. 기린의 긴 목은 시야를 넓혀주므로 맹수 무리를 쉽게 발견하고, 목을 사용하여 싸울 수도 있어 천적이 적다. 이에 비해 기린은 수명이 짧고 대부분 심장병으로 사망한다. 그 이유가 무엇일지 설명해 보시오. [2 점]

(2) 사람들은 해외로 여행을 가기 위해 긴 시간동안 비행기를 탄다. 그런데 해외 여행 비행중 사망사고의 86 % 는 혈액 순환이 원활하게 이루어지지 않아 심장마비가 일어난 경우라고 한다. 비행기를 긴 시간동안 타면 혈액 순환이 안 되는 이유를 써 보시오. [3 점]

(3) 비행기를 타고 있을 때, 혈액 순환이 잘 일어나게 할 수 있는 방법을 써 보시오. [5 점]

저 하늘 높이 떠있는

너 만의 별을 딸 수 있도록

꾸러미가 함께 할게.

memo

무한상상

무한상상

무엇부터 할까?
친구들 안뇽!

아이앤아이

영재교육원 대비

꾸러미 48제 모의고사

정답 및 해설 & 예시 답안

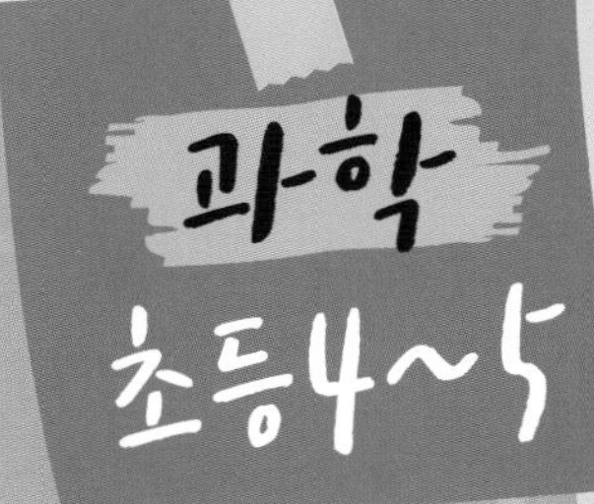

정답 및 해설 & 예시 답안

나의 문제 해결력이 맞는지 체크하고
창의력 점수를 매겨보자

1 모의고사 1 회

▶ 총 8 문제입니다. 문제 배점은 각 문항별 평가표를 참고하면 됩니다.

▶ 1 번 : 영재성 검사 문항 / 2 ~ 6 번 : 창의적 문제 해결 문항 / 7 ~ 8 번 : STEAM 융합 문항

▶ 각 문항은 유창성, 융통성, 독창성, 정교성 네 가지의 창의력 요소를 기준으로 평가하였습니다.

유창성 : 특정 문제에 대해 제한된 시간 내에 다양한 해결책을 생각해 내었는지를 평가합니다. 질문의 의도에 타당한 답변의 개수가 많을수록 높은 점수를 받습니다.

융통성 : 한 문제에 대해 여러 분야를 넘나들며 많은 해결책을 제시하였는가를 평가합니다. 답안이 서로 분야 혹은 범주가 겹치지 않는 답변이 많을수록 높은 점수를 받습니다.

독창성 : 남들과는 다른 본인만의 방법을 제시하였는가를 평가합니다.

정교성 : 처음에 생각해낸 아이디어를 다듬어 발전시켜 표현할 수 있는지 확인하는 문항입니다. 제시된 답안과 가깝고, 원리를 정확하게 이해하고 답했는지 평가합니다.

문 01 (P.8)

문항 분석 및 평가표

—> 문항 분석 : 곰과 까마귀, 여우가 먹이를 숨겨 놓은 각 장소의 특징을 생각해 보거나 하늘에 떠 있는 구름과 달처럼 변화하는 환경을 재치있게 이용하여 답을 작성해 봅시다. (융통성) (영재성 검사 문항)

—> 평가표 :

먹이를 가장 빠르게 찾아 먹은 동물을 쓰고, 이유를 타당하게 설명한 경우	5 점

출제자 예시 답안

—> ① 곰이 먹이를 숨기는 날 뭉게구름이 많아서 뭉게구름 옆의 여러 나무마다 먹이를 숨겼을 것이다. 그래서 많은 먹이를 숨긴 곰이 다음날 먹이를 가장 빠르게 찾아 먹었을 것이다.

② 오전 12 시가 지나면 다음 날이므로 까마귀가 달 밑의 나무 옆에 숨겨놓고 옆에서 기다리다가 12 시가 지나자마자 어두운 밤 환한 달빛 아래에서 먹이를 빠르게 찾아서 먹었을 것이다.

③ 다음 날 집은 그 자리에 그대로 있지만, 뭉게구름이나 달의 위치는 바뀌어서 곰과 까마귀가 먹이를 찾아다닌다. 그동안 여우는 먹이를 바로 찾아서 먹을 수 있으므로 가장 빠르게 찾아 먹었을 것이다.

④ 다음 날 비가 내려서 뭉게구름이 없었고, 구름이 많아 달이 보이지 않아서 곰과 까마귀는 먹이를 찾지 못하므로 여우가 먹이를 가장 빠르게 찾아 먹었을 것이다.

문 02 (P.9)

문항 분석 및 평가표

—> 문항 분석 : 세제는 계면활성제입니다. 계면활성제 분자는 하나의 분자 안에 물을 좋아하는 부분(친수성기)과 물을 싫어하는 부분(친유성기)을 동시에 지니고 있습니다. 물을 좋아하는 부분을 머리라고 부르고, 물을 싫어하는 부분을 꼬리라고 부릅니다. 그러므로 세제가 물과 만나면 머리 부분은 물을 끌어당기고, 꼬리 부분은 기름이나 단백질과 같은 때를 끌어당겨 때를 제거할 수 있습니다. 계면활성제의 머리 부분에 어떤 이온을 가지고 있느냐에 따라 염기성, 산성, 중성 세제로 나누어 집니다. (융통성) (창의적 문제 해결 문항)

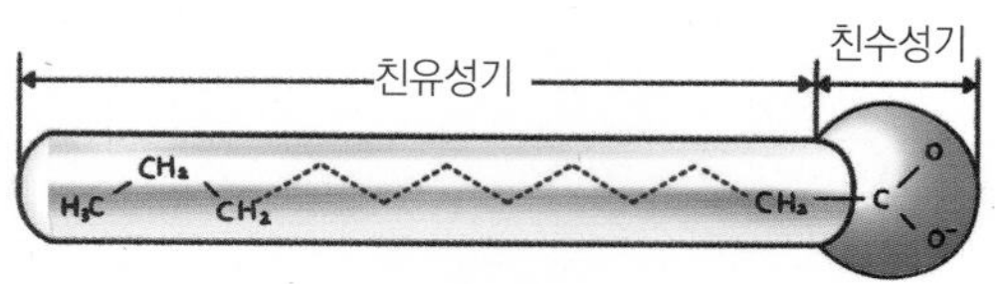

▲ 염기성 계면활성제

→ 평가표 :

'세탁용 세제' 라고 쓰고, 이유를 타당하게 설명한 경우	4 점

정답 및 해설

→ 정답 : 세탁용 세제, 세탁용 세제는 옷 등에 묻은 단백질이나 지방의 때를 제거하기 위해 염기성 물질로 만들기 때문에 하수구에 끼인 단백질 성분의 머리카락을 제거할 수 있다.

→ 해설 : 단백질이나 지방은 염기성 물질에 녹는 성질이 있어서 옷 등에 묻은 단백질이나 지방의 때를 제거하기 위해 사용하는 세탁용 세제는 염기성 물질로 만든다. 소변의 요소는 물에 녹아 염기성을 띤다. 그러므로 변기의 때를 제거하는 변기용 세제는 산성 물질로 만들어 중화 반응을 일으켜서 때를 제거한다. 중화 반응이란 산성 용액과 염기성 용액이 만나 중화되면서 물이 발생하는 것을 말한다.

문 03
P. 10

문항 분석 및 평가표

→ 문항 분석 : 해설 참조. (유창성, 융통성) (창의적 문제 해결 문항)

→ 평가표 :

(1) 채점 기준

이유를 열의 이동과 관련지어 타당하게 설명한 경우	3 점

(2) 채점 기준

각각을 1 가지씩 맞게 쓴 경우	1 점
각각을 2 가지 이상씩 맞게 쓴 경우	2 점

(1) + (2) 총합계	5 점

정답 및 해설

→ 정답 : (1) 생선을 얼음 위에 올려놓으면 생선에서 얼음으로 열이 이동하면서 생선의 온도가 차갑게 유지되어 신선도를 유지할 수 있다.

(2) 예시 답안)

- 열의 전달이 빠른 성질을 이용하여 만든 것 : 금속으로 만든 냄비, 금속으로 만든 주전자, 오븐 안의 쟁반, 다리미의 다림판, 전기 포트의 열선
- 열의 전달이 느린 성질을 이용하여 만든 것 : 뚝배기, 냄비 손잡이와 꼭지, 핫팩, 냄비 받침, 나무로 만든 젓가락, 냄비나 오븐 장갑, 털옷

→ 해설 : (1) 두 물체를 접촉시키거나 가까이 놓았을 때, 열이 물질을 따라 온도가 높은 곳에서 낮은 곳으로 전달되는 방법을 전도라고 한다. 그러므로 온도가 높은 물체는 열을 잃고, 온도가 낮은 물체는 열을 얻는다. 생선은 온도가 높으면 부패하기 쉬운데, 생선을 얼음 위에 올려 놓으면 생선의 열이 얼음으로 이동하여 부패를 막을 수 있다.

(2) 은, 구리, 철과 같은 금속은 열의 전도가 빠르게 일어나지만, 나무, 플라스틱, 천 등의 비금속은 열의 전도가 느리게 일어난다.

문 04
P. 11

문항 분석 및 평가표

→ 문항 분석 : 대류는 가열된 물질이 직접 이동하여 열을 전달하는 방식입니다. 데워진 물이나 공기는 위로 올라가고, 차가운 물이나 공기는 아래로 내려오면서 열이 이동하는 방법입니다. 이러한 대류 현상에는 욕조의 한쪽에 뜨거운 물을 넣으면 욕조 물 전체가 따뜻해지거나 에어컨을 틀어 놓으면 방 전체가 시원해지는 현상이 있습니다. (융통성, 정교성) (창의적 문제 해결 문항)

⟶ 평가표 :

(1) 번 답을 맞게 쓴 경우	3 점
(2) 번 이유를 타당하게 설명한 경우	3 점
(1) + (2) 총합계	6 점

정답 및 해설

⟶ 정답 : (1) C

(2) 초가 연소되면서 발생한 수증기가 촛불이 꺼지면 집기병 안쪽에 응결되어 물방울로 맺힌다. 그러므로 기체의 분자 수가 줄어들어 압력이 작아진다.

⟶ 해설 : (1) 밀폐된 공간이 초가 차지하는 공간보다 많이 크지 않다면 가장 긴 길이의 촛불(C)이 먼저 꺼진다. 초가 연소되기 시작하면 이산화 탄소와 수증기가 발생하고 주변의 공기가 가열된다. 이때, 발생한 이산화 탄소는 주변의 뜨거운 공기와 함께 위로 올라간다. 위로 올라간 공기는 점점 식으면서 밑으로 다시 내려오는 대류 현상이 일어난다. 밑으로 다시 내려오는 공기에는 이산화 탄소의 비율이 크므로 가장 먼저 만나는 촛불 C 의 불이 먼저 꺼지고, 촛불 B, 촛불 A 의 순서로 불이 꺼진다.

문 05
P. 12

문항 분석 및 평가표

⟶ 문항 분석 : 테라리움은 밀폐된 유리병 안에 흙을 깔고 식물을 키우는 것을 말합니다. 식물이 광합성을 하기 위해서는 햇빛, 물, 이산화 탄소가 필요합니다. 테라리움의 식물은 밀폐된 유리병 안에서 광합성에 필요한 요소를 모두 얻을 수 있습니다. 빛이 잘 통과하는 유리병 안에 있으므로 햇빛을 얻을 수 있고, 식물의 증산 작용으로 모인 수증기가 유리병 내부에서 다시 물방울로 맺히므로 물을 얻을 수 있습니다. 이산화 탄소는 식물이 호흡을 하면 생성되는 기체이므로 얻을 수 있습니다. (융통성, 정교성) (창의적 문제 해결 문항)

⟶ 평가표 :

(1) 번 광합성 과정을 맞게 설명한 경우	3 점
(2) 번 식물의 특징을 맞게 쓴 경우	2 점
(1) + (2) 총합계	5 점

정답 및 해설

⟶ 정답 : (1) 테라리움의 식물은 유리병을 통과하여 들어오는 빛을 이용한다. 식물이 증산 작용을 하면 수증기가 발생하는데, 이 수증기는 유리병 내부에서 다시 물방울로 맺히므로 물을 얻을 수 있고 호흡 과정에서 이산화 탄소가 발생한다. 따라서 빛을 이용하여 물과 이산화 탄소를 영양분으로 만드는 광합성을 할 수 있다.

(2) ① 습도가 높은 환경에서 생존 가능한 식물

② 새로운 환경에 잘 적응하는 식물

③ 잎이 큰 식물

⟶ 해설 : (1) 식물은 광합성을 하여 스스로 필요한 양분을 만든다. 광합성은 녹색 식물이 빛을 이용하여 물과 이산화 탄소를 영양분으로 만드는 과정이다. 이때 산소도 함께 발생한다.

(2) ① 밀폐된 유리병 안에 물이 생기므로 내부 습도가 높기 때문에 습도가 높은 환경에서 살 수 있는 식물이어야 한다.

② 한정적인 공간에 적응하여 살아야하므로 새로운 환경에 잘 적응하는 식물이어야 한다.

③ 식물의 잎에서 일어나는 증산 작용으로 물을 얻기 때문에 잎이 큰 식물이어야 한다.

문항 분석 및 평가표

⟶ 문항 분석 : 구름은 공기가 상승하여 부피가 작아지면서 내부 에너지를 소모하는 단열팽창을 하여 수증기의 응결로 생긴 작은 물방울과 얼음 알갱이가 하늘에 떠 있는 것입니다. (융통성, 정교성) (창의적 문제 해결 문항)

⟶ 평가표 :

(1) 번 답이 맞은 경우	2 점
(2) 번 장점을 맞게 쓴 경우	2 점
(3) 이유를 타당하게 설명한 경우	2 점
(1) + (2) + (3) 총합계	6 점

정답 및 해설

⟶ 정답 : (1) ㄱ, ㄷ

(2) ① 누구나 날씨를 쉽게 파악할 수 있다. ② 날씨를 한눈에 볼 수 있다.

(3) ① 공기가 계속해서 이동하므로 구름의 두께나 바람의 방향을 정확히 예측할 수 없다.

② 구름 사진이나 일기예보는 전체적인 지역의 날씨를 예측하므로 좁은 지역에서는 날씨가 다르게 나타날 수 있다.

③ 풍향, 풍속, 구름양, 구름의 모양, 강수량, 뇌우, 안개 등 정확히 예측할 수 없는 기상 요소가 많다.

⟶ 해설 : (1) ㄱ. 우리나라 북서쪽에 있는 중국 지역에는 구름이 많으므로 날씨가 흐리다. ㄷ. 구름 사진에서 우리나라 중부 지방에는 구름이 거의 없으므로 날씨가 맑다.

오답 해설) ㄴ. 우리나라는 날씨가 맑으므로 고기압이 자리 잡고 있다. 구름은 공기가 상승하는 상승기류에서 만들어진다. 저기압 중심으로 주변의 공기가 모여들 때, 공기의 상승이 일어나므로 저기압일 때 구름이 많이 생성된다. ㄹ. 우리나라의 남쪽 바다에는 구름이 거의 없으므로 날씨가 맑다.

문항 분석 및 평가표

⟶ 문항 분석 : 전기뱀장어는 수많은 발전 세포가 직·병렬 구조를 이루고 있습니다. 머리 쪽에서 꼬리 쪽으로 한 줄에 5,000 개가 직렬로 연결되어 있어 여러 개의 전지를 직렬 연결한 것과 같이 고전압의 전기를 만들지만 오래 지속되지는 않습니다. 또한, 전기 뱀장어의 몸은 두꺼운 지방질로 되어 있어 전기가 잘 통하지 않고, 몸에 매우 큰 전류가 흘러도 세포가 140 줄의 병렬 구조로 되어 있어 작은 충격만을 받기 때문에 자신의 몸에 흐르는 전류 때문에 위험하지는 않습니다. (STEAM 융합 문항)

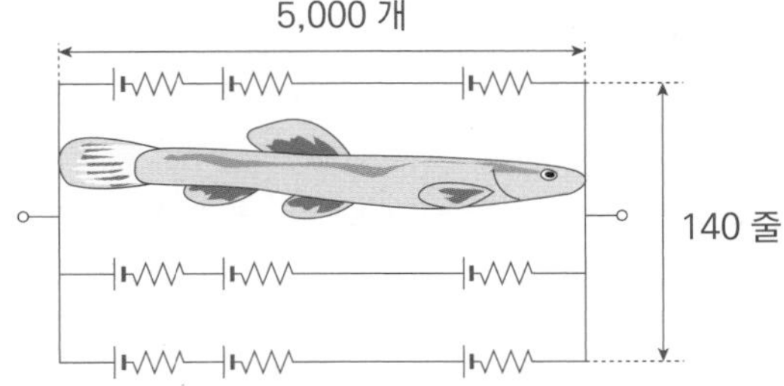

⟶ 평가표 :

(1) 번 답이 맞은 경우	2 점
(2) 번 답과 이유를 모두 맞게 쓴 경우	3 점
(3) 전기를 생산할 수 있는 방식을 타당하게 설명한 경우	5 점
(1) + (2) + (3) 총합계	10 점

정답 및 해설

⟶ 정답 : (1) 사람이 전기뱀장어를 손으로 잡았을 때,

사람을 통해 전류는 $I[A] = \dfrac{860\ V}{1000\Omega} = 0.86\ A = 860\ mA$ 이다. 사람에게 통과하는 전류가 100 mA 이상이면 사망 가능성이 있으므로 전기뱀장어를 손으로 잡으면 감전되어 사망할 수도 있다.

(2) 물은 공기보다 전기가 잘 통한다. 그러므로 물속에서는 물이 도선 역할을 하여 전기가 쉽게 통할 수 있다. 따라서 전기뱀장어를 손으로 강이나 호수의 물속에서 잡았을 때 감전이 더 잘 된다.

(3) 예시 답안)

수천 마리의 전기뱀장어를 활동이 가능할 정도로만 넓은 한곳에 모아 놓는다. 순간적으로만 고전압의 전기를 생산하는 전기뱀장어를 한 방향으로 꼬리와 머리를 직렬로 연결해 전압을 크게 만들면 우리가 실생활에 쓸 수 있을 정도의 전기를 생산할 수 있다.

⟶ 해설 : (2) 순수한 물은 전기가 통하지 않지만, 전기뱀장어가 사는 강이나 호수는 여러 물질이 섞여 있어 전기가 통한다.

문 08

P. 18

문항 분석 및 평가표

⟶ 문항 분석 : 사람의 순환 기관인 심장은 근육으로 되어 있어 수축 운동을 합니다. 심장이 수축 운동을 하여 혈액을 온몸에 공급합니다. 혈액의 순환에는 온몸 순환과 폐순환이 있습니다. 온몸 순환이란 심장에서 나간 혈액이 온몸을 돌면서 조직 세포에 산소와 영양소를 전달하고 이산화 탄소와 노폐물을 받아 심장으로 돌아오는 순환이고, 폐순환은 심장에서 나간 혈액이 폐를 거쳐 심장으로 돌아오는 순환으로 이산화 탄소를 내보내고 산소를 받아 심장으로 돌아오는 순환입니다. (STEAM 융합 문항)

⟶ 평가표 :

(1) 번 답을 맞게 쓴 경우	2 점
(2) 번 답을 맞게 쓴 경우	2 점
(3) 이유를 타당하게 설명한 경우	4 점
(1) + (2) + (3) 총합계	8 점

정답 및 해설

⟶ 정답 : (1) 가슴을 압박하게 되면 인위적으로 심장이 펌프 기능을 하도록 하여 환자의 심장과 뇌 등 중요 장기에 혈액을 공급시킬 수 있다. 혈액이 공급된 후 인공호흡을 통해 산소를 불어넣으면 환자가 다시 호흡을 할 수 있게 된다.

(2) 코와 입은 연결되어 있으므로 입을 통하여 공급된 공기가 코를 통하여 빠져나가지 않고 환자의 흉강으로 들어가게 하기 위해서이다.

(3) 심장 박동이 정지되어 혈액 순환이 멈추게 되면 심장과 뇌 등 중요 장기에 산소와 영양소의 공급이 중단된다. 이 현상이 지속되면 뇌세포가 죽기 시작하고, 1 분씩 지연될 때마다 환자 생존율은 10 % 씩 낮아진다. 골든타임인 5 분 이내에 심폐소생술이 진행되어야 살아난 후에도 또 다른 증상이나 장애를 얻지 않고 정상적으로 살아갈 수 있다.

점수에 따른 성취도 등급

등급	1등급	2등급	3등급	4등급	5등급	총점
평가	39 점 이상	29 점 이상 ~ 38 점 이하	19 점 이상 ~ 28 점 이하	9 점 이상 ~ 18 점 이하	8 점 이하	49 점

2 모의고사 2 회

▶ 총 8 문제입니다. 문제 배점은 각 문항별 평가표를 참고하면 됩니다.

▶ 1 번 : 영재성 검사 문항 / 2 ~ 6 번 : 창의적 문제 해결 문항 / 7 ~ 8 번 : STEAM 융합 문항

▶ 각 문항은 유창성, 융통성, 독창성, 정교성 네 가지의 창의력 요소를 기준으로 평가하였습니다.

유창성 : 특정 문제에 대해 제한된 시간 내에 다양한 해결책을 생각해 내었는지를 평가합니다. 질문의 의도에 타당한 답변의 개수가 많을수록 높은 점수를 받습니다.

융통성 : 한 문제에 대해 여러 분야를 넘나들며 많은 해결책을 제시하였는가를 평가합니다. 답안이 서로 분야 혹은 범주가 겹치지 않는 답변이 많을수록 높은 점수를 받습니다.

독창성 : 남들과는 다른 본인만의 방법을 제시하였는가를 평가합니다.

정교성 : 처음에 생각해낸 아이디어를 다듬어 발전시켜 표현할 수 있는지 확인하는 문항입니다. 제시된 답안과 가깝고, 원리를 정확하게 이해하고 답했는지 평가합니다.

문 01

P. 20

문항 분석 및 평가표

⟶ 문항 분석 : 문제에 주어진 조건을 이용하여 무한이의 엄마가 몇 명의 사람과 악수를 했는지 찾아야 합니다. 조건을 파악하고 분석해야 하므로 그림을 그려서 문제를 푸는 방식이 효과적일 수 있습니다. (정교성) (영재성 검사 문항)

⟶ 평가표 :

답이 맞는 경우	5 점

정답 및 해설

⟶ 정답 : 4 명

⟶ 해설 : 무한이의 부모님이 다른 4 명의 부모님을 초대했으므로 사람은 총 10 명이다. 그리고 무한이의 아빠가 9 명의 사람에게 악수의 횟수를 물었을 때 각각 다른 대답이 나왔고, 자기 자신과 부인을 빼고 최대 8 명과 악수를 할 수 있으므로 나올 수 있는 대답은 0 – 8 이다. 부모님을 알파벳으로 나타내고, 부부는 같은 알파벳을 쓴다. 예를 들어 남편이 A 라면 부인은 A' 로 나타낸다.

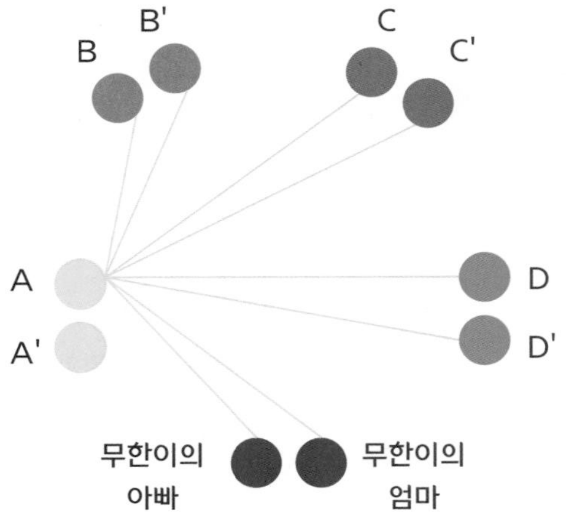

A 가 8 명 이라고 대답했다고 한다면, 자신의 부인은 아는 사이이므로 악수를 하지 않는다. 이때 A' 를 제외하고 모두 악수를 1 번 이상씩 하게 되므로 A' 는 악수를 하지 않은 사람이 된다.

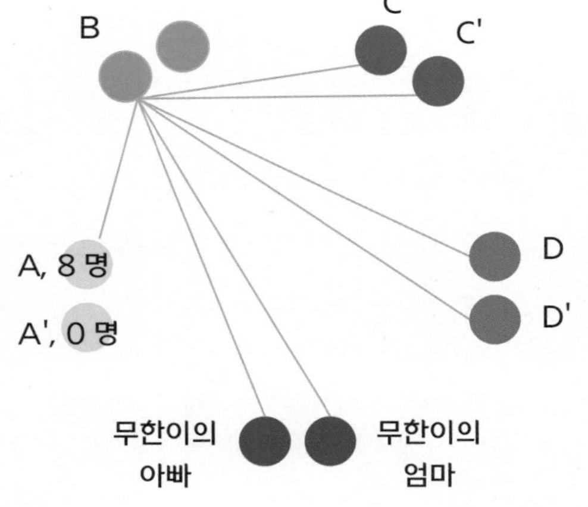

B 는 1 번 이상 악수를 했으므로 7 명이라고 대답했다고 한다면, 자신의 부인과 A' 를 제외하고 악수를 했다. 이때 A' 와 B' 를 제외하고 악수를 2 번 이상씩 한 것이 되므로 1 명과 악수를 한 사람은 B' 가 될 수밖에 없다.

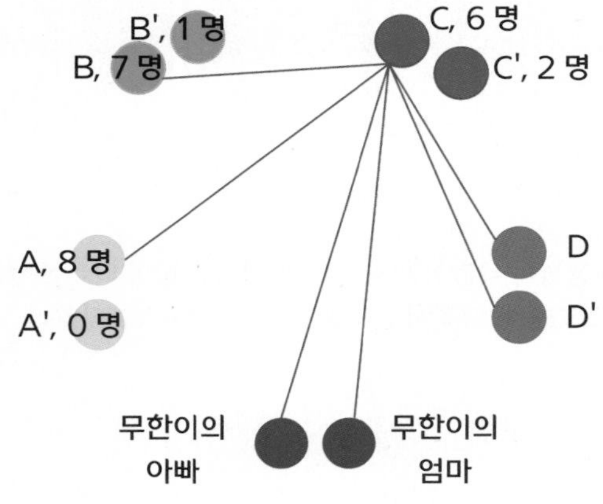

C 는 2 번 이상 악수를 했으므로 6 명이라고 대답했다고 한다면, 자신의 부인과 A', B' 를 제외하고 악수를 했다. 이때 A', B', C' 를 제외하고 모두 악수를 3 번 이상씩 한 것이 되므로 2 명과 악수를 한 사람은 C' 가 될 수밖에 없다.

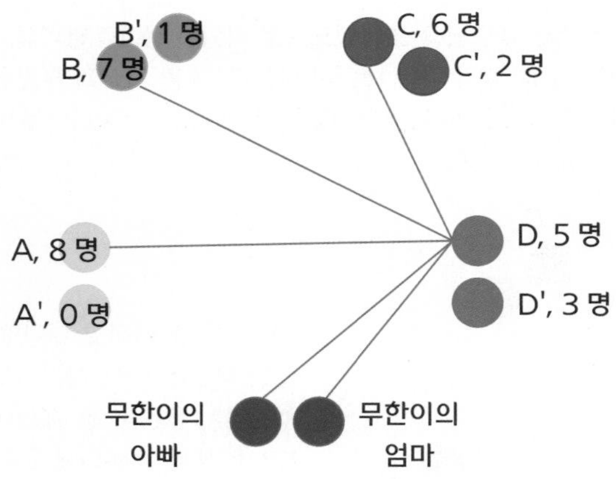

D 는 3 번 이상 악수를 했으므로 5 명이라고 대답했다고 한다면, 자신의 부인과 A', B' C' 를 제외하고 악수를 했다. 이때 A', B', C', D'를 제외하고 악수를 4 번 이상씩 한 것이 되므로 3 명과 악수를 한 사람은 D' 가 될 수밖에 없다.

따라서 0 – 8 중 남은 4 가 무한이 엄마의 대답이 되므로 무한이의 엄마는 4 명과 악수를 했다.

문 02
P. 21

문항 분석 및 평가표

⟶ 문항 분석 : 자석의 힘(인력과 척력)이 미치는 공간을 자기장이라고 합니다. 자기장의 방향은 자기장 내에서 나침반 자침의 N 극이 가리키는 방향이며 이 방향을 연결한 선을 자기력선이라고 합니다. 자기력선은 자석의 N 극에서 나와 S 극으로 들어가고 도중에 교차되거나 끊어지지 않습니다. 자기력선의 한 점에서의 접선 방향이 그 점에서의 자기장의 방향을 나타내고 자기력선의 간격이 좁을수록 자기장의 세기가 셉니다. (융통성, 정교성) (창의적 문제 해결 문항)

⟶ 평가표 :

자석 1 개로 가능한 배치를 맞게 그린 경우	3 점
자석 2 개로 가능한 배치를 맞게 그린 경우	3 점
총합계	6 점

정답 및 해설

⟶ 정답 :

⟶ 해설 : 문제의 나침반 자침의 N 극이 가리키는 방향이 자기장의 방향이다. 아래와 같이 자석을 배치하고 자기력선을 그려서 확인해 볼 수 있다.

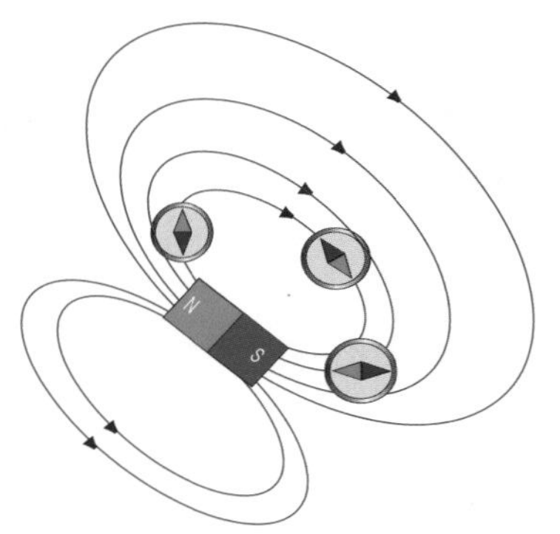

▲ 자석 1 개로 가능한 배치

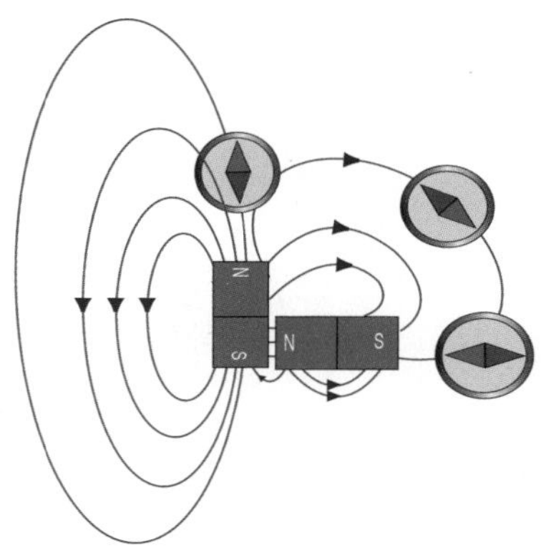

▲ 자석 2 개로 가능한 배치

문 03
P. 22

문항 분석 및 평가표

⟶ 문항 분석 : 물속에서 물체를 직접 보면 희미하게 보이고, 물안경을 쓰고 보면 또렷하게 보입니다. 그 이유는 물과 공기, 유리의 굴절률이 다르기 때문입니다. (정교성) (창의적 문제 해결 문항)

⟶ 평가표 :

답이 맞는 경우	6 점

정답 및 해설

⟶ 정답 : 빛이 공기 중에서 수정체를 통과할 때의 굴절률과 빛이 물속에서 수정체를 통과할 때의 굴절률이 서로 다르다. 빛이 공기 중에서 수정체를 통과하여 뒤쪽의 망막에 상이 맺히면 물체를 선명하게 볼 수 있다. 그런데 물속에서 물체를 보는 경우는 망막 뒤쪽에 물체의 상이 생기므로 물체를 선명하게 볼 수 없다. 물안경을 쓰면 물과 눈 사이에 공기층이 생기므로 물 밖에서 물체를 보는 것과 같이 망막에 물체의 상이 맺히기 때문에 잘 보인다.

⟶ 해설 : 빛은 진행하다가 다른 물질을 만나면 물질의 경계면에서 꺾이는데 이를 굴절이라고 하고, 굴절이 되는 정도를 굴절률이라고 한다. 우리 눈의 유리체는 98 ~ 99 % 가 물로 이루어져 있다.

물안경을 쓰면 물과 눈 사이에 공기층이 생기므로 수정체에서 굴정되는 정도가 물 밖에서 물체를 볼 때와 같다. 빛이 물에서 유리로 굴절될 때보다 공기에서 유리로 굴절될 때 더 많이 꺾이기 때문에 아래의 그림에서 물속에서 맨눈으로 물체를 볼 때 빛의 진행을 표시한 노란색 선보다 물속에서 물안경을 쓰고 물체를 볼 때 빛의 진행을 표시한 빨간색 선이 더 많이 꺾인다. 그러므로 물안경을 쓰고 물체를 보면 망막에 상이 맺혀 선명하게 보이고, 맨눈으로 물체를 볼 때는 망막보다 멀리 상이 맺히므로 흐릿하게 보인다.

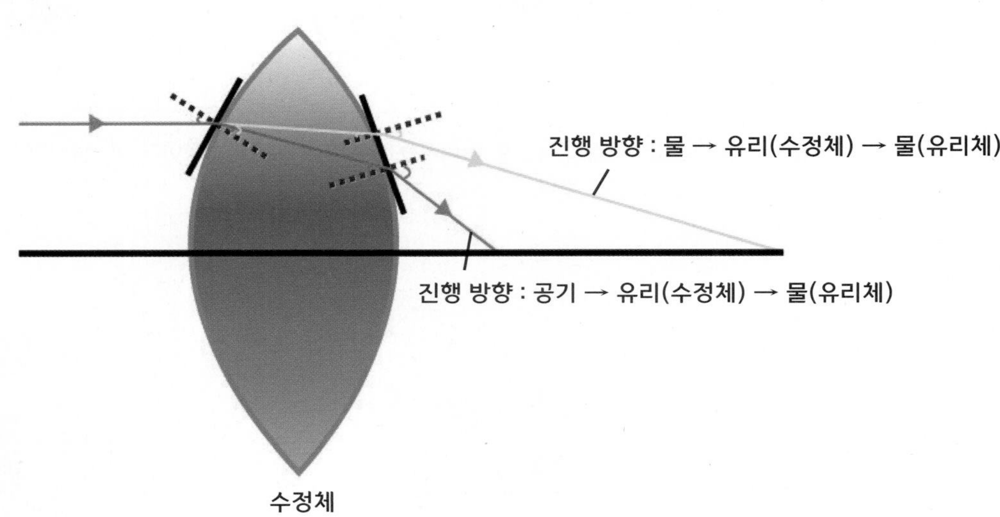

문 04
P. 23

문항 분석 및 평가표

⟶ 문항 분석 : 일반적으로 액체 상태에서 분자들은 약간의 거리를 두고 자유롭게 움직이고 있습니다. 온도가 녹는점보다 낮아져 고체가 되면 분자 운동이 느려지고, 분자 사이의 간격이 가까워져서 대부분의 액체가 고체로 변할 때 부피가 감소합니다. 하지만 물은 얼음으로 얼 때 부피가 증가합니다. 물은 액체 상태에서 물 분자 사이에 서로 수소 결합이라는 약한 힘이 작용하고 있습니다. 온도가 0 ˚C 보다 낮아져 물이 얼면 분자 운동이 느려지고, 인접한 분자 사이의 간격이 가까워져서 물 분자들이 육각 고리 모양의 수소 결합을 하게 되면서 가운데에 빈 공간이 생기기 때문입니다. (독창성, 정교성) (창의적 문제 해결 문항)

→ 평가표 : (1) 채점 기준

'부피' 의 변화를 맞게 쓴 경우	2 점
(1) + (2) 총합계	5 점

(3) 채점 기준

1 가지 쓴 경우	2 점
2 가지 이상 쓴 경우	3 점

정답 및 해설

→ 정답 : (1) ① A 는 부피가 변하지 않고, B 는 물에서 얼음으로 얼면서 부피가 증가했다.
② A 와 B 의 작은 얼음 조각들과 물이 한 덩어리의 얼음으로 얼었다.
(2) ① 부피플라스크를 진공 실험 장치에 넣고 공기를 빼서 압력을 낮은 상태로 유지한다.
② 털 옷이나 뽁뽁이, 스티로폼과 같이 열이 잘 전달되지 않는 물질로 부피플라스크를 감싼다.
③ 지퍼 팩에 부피플라스크가 들어갈 만큼의 구멍을 만든 스티로폼을 넣고 그 위에 부피플라스크를 넣는다. 그리고 공기가 가득 차 있는 상태로 지퍼백을 닫는다.

→ 해설 : (1) ① 물은 얼음으로 상태 변화할 때 부피가 증가한다.
(2) ① 얼음의 녹는점은 0 ˚C 이므로 얼음은 1기압, 0 ˚C 에서 물로 녹기 시작한다. 하지만 압력을 낮추면 녹지 않고 얼음으로 존재한다.

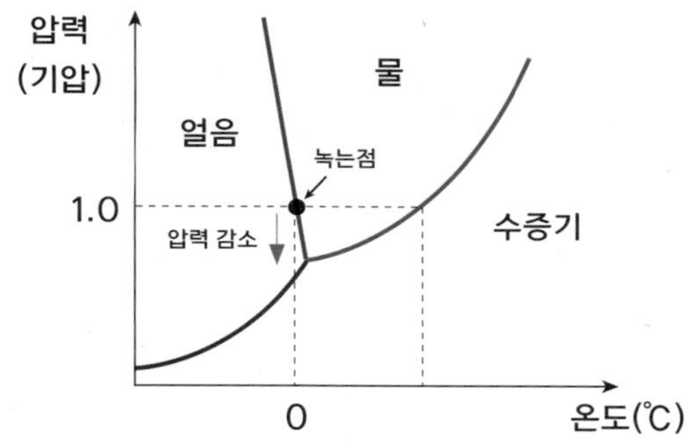

② 털이나 뽁뽁이, 스티로폼과 같이 열의 이동을 막는 단열재를 사용하면 얼음이 빨리 녹지 않는다.
③ 부피플라스크를 단열재인 스티로폼 위에 올려놓고 공기가 가득 찬 지퍼백 안에 밀폐시키면 공기는 입자 사이에 공간이 많아 열의 전달이 잘 안 되기 때문에 얼음이 빨리 녹지 않는다.

문항 분석 및 평가표

→ 문항 분석 : 천연 지시약인 자주색 양배추 지시약을 만드는 방법은 먼저 양배추 잎을 2 ~ 3 장 뜯어서 물로 이물질을 깨끗이 씻어냅니다. 그리고 가위로 잘라 비커에 넣고 자른 잎이 잠길 정도로 물을 붓고 가열한 후 채로 걸러 사용하면 됩니다. (유창성, 융통성) (창의적 문제 해결 문항)

→ 평가표 :

A 와 C 의 색을 표현할 수 있는 용액을 맞게 쓴 경우	2 점
B 의 색을 표현할 수 있는 용액을 맞게 쓴 경우	1 점
각각의 용액을 3 가지 이상 쓴 경우	+ 1 점
총합계	5 점

출제자 예시 답안

⟶ A 와 C : 양배추 지시약을 석회수, 빨랫비누물, 표백제, 물에 녹인 제산제, 물에 녹인 베이킹 파우더, 펌약, 세탁용 세제, 묽은 암모니아수, 묽은 수산화 나트륨 등의 용액에 떨어뜨려서 노란색과 초록색의 물감을 만들어 사용한다.

B : 양배추 지시약을 식초, 레몬즙, 탄산음료, 오렌지 주스, 유자차, 사과즙, 요구르트, 묽은 염산 등의 용액에 떨어뜨려서 붉은색의 물감을 만들어 사용한다.

⟶ 해설 : 자주색 양배추나 장미꽃은 천연 지시약이다. 지시약으로 사용할 수 있는 식물은 꽃이나 잎의 색이 붉거나 푸른색 계열의 색을 가지고 있는데, 그 이유는 '안토시아닌' 이라는 색소를 가지고 있기 때문이다. '안토시아닌' 의 특징은 물에 녹는 성질이 있고, 산성과 만나면 붉은색, 중성과 만나면 보라색, 그리고 염기성과 만나면 푸른색 계열의 색이나 노란색으로 색 변화를 일으킨다. 꽃이나 잎에는 그 속에 들어 있는 다양한 색소를 통해 색깔이 결정되는데, 잎을 초록색으로 보이게 하는 '엽록소', 붉은색이나 푸른색을 내는 '안토시아닌', 노란색이나 주황색을 내는 '카로티노이드' 가 있다. 해바라기와 개나리가 지시약으로 사용될 수 없는 이유는 카로티노이드' 색소를 함유하고 있고, '안토시아닌' 색소는 함유되어 있지 않기 때문이다.

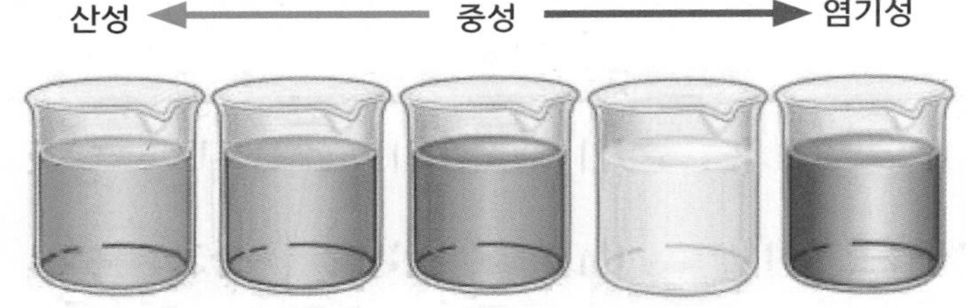

문항 분석 및 평가표

⟶ 문항 분석 : 베버의 법칙이란 감각기관에서 자극의 변화를 느끼기 위해서는 처음 자극에 대해 일정 비율 이상으로 자극을 받아야 된다는 이론을 말한다. 처음에 강한 자극을 받으면 자극의 변화가 그만큼 커야 그 변화를 알아챌 수 있다. (유창성, 정교성) (창의적 문제 해결 문항)

⟶ 평가표 :

(1) 채점 기준

답이 맞는 경우	2 점
(1) + (2) 총합계	5 점

(2) 채점 기준

1 가지 쓴 경우	2 점
2 가지 이상 쓴 경우	3 점

정답 및 해설

⟶ 정답 : (1) 25 g

(2) 예시 답안)

① 시끄러운 곳에서는 작은 소리로 말하면 들리지 않는다.
② 밝은 곳에서는 전등이나 촛불의 밝기를 느끼기 어렵다.
③ 사탕을 먹고 나서 과일을 먹으면 단맛을 잘 느끼지 못한다.
④ 돈이 없었던 사람이 처음 로또에 당첨됐을 때는 좋아하지만, 또 한 번 당첨되면 처음만큼 좋아하지 않는다.
⑤ 옛날에는 작은 소문 하나하나에 예민하고 퍼뜨리면 잡혀가거나 했지만, 지금은 소문이 너무 많아서 사람들이 대수롭지 않게 생각한다.
⑥ 개구리를 찬물에 넣고 천천히 가열하면 개구리는 물이 뜨거워지는지 알아채지 못하고 죽는다. 하지만 뜨거운 물에 개구리를 넣으면 뜨거움을 느끼고 바로 물에서 뛰쳐나오려고 한다.

⟶ 해설 : (1) 베버의 법칙은 다음과 같은 식으로 나타낼 수 있다.

$$k\ (\text{베버 상수}) = \frac{R_2\ (\text{나중 자극의 세기}) - R_1\ (\text{처음 자극의 세기})}{R_1\ (\text{처음 자극의 세기})} = \text{일정}$$

따라서 식을 이용하여 계산해 보면, $\frac{50-40}{40} = \frac{1}{4} = \frac{(100+x)-100}{100}$ 로 나타낼 수 있으므로 X = 25 이다.

무한이는 최소한 25 g 짜리 구슬을 올려놓아야 더 무겁다고 느낀다.

문 07
P.26

문항 분석 및 평가표

⟶ 문항 분석 : 1838 년에 식물 세포는 뿌리, 줄기, 잎, 꽃가루 등의 다양한 식물의 조직 세포에서 하나의 완전한 식물체로 재생될 수 있다는 세포의 '전형성능' 의 이론이 처음 제시되면서 식물 조직 배양의 기초가 되었습니다. 그 후 1902 년에 첫 조직 배양의 실험을 시도했고, 1939 년에 프랑스에서 최초로 식물 조직 배양의 실험에 성공하여 현재는 많은 곳에서 식물의 조직 배양이 활용되고 있습니다. (STEAM 융합 문항)

⟶ 평가표 :

(1) 번 이로운 점을 3 가지 이상 쓴 경우	4 점
(2) 번 답을 맞게 쓴 경우	6 점
(1) + (2) 총합계	10 점

정답 및 해설

⟶ 정답 : (1) ① 자연재해의 영향을 받지 않는다. ② 대량 생산이 가능하다.
③ 세균의 감염 없이 식물을 키울 수 있다.
④ 우수한 품종을 모체와 똑같이 키워낼 수 있다.
⑤ 영양소를 적절히 혼합시켜서 식물이 살 수 있는 최적의 환경을 만들어 식물을 키울 수 있다.

(2) 동물은 줄기세포를 채취하여 세포를 배양시킨 후 난모 세포와 융합시키고 대리모에게 이식시켜야 완전한 개체를 만들어 낼 수 있다. 식물처럼 완전한 개체의 세포를 배양시켜 배양액에서 바로 모든 기관을 갖춘 동물로 만들어 낼 수는 없다.

⟶ 해설 : (1) 식물의 조직 배양은 하나의 세포에서 유전적으로 같은 개체를 다량으로 얻을 수 있으므로 대량 생산이 가능하다. 또한, 영양소를 적절히 혼합시켜서 식물이 살 수 있는 최적의 환경을 만들어 식물을 키우면 세균의 감염 없이 키워낼 수 있고, 자연재해의 영향도 받지 않는다.

문 08
P.28

문항 분석 및 평가표

⟶ 문항 분석 :녹조 현상은 호수나 흐름이 느린 하천, 정체된 바다에서 조류가 대량 증식하여 물색을 녹색으로 변화시키는 현상을 말합니다. 우리나라뿐만 아니라 세계 대부분의 지역에서 조류 발생에 의한 녹조 현상이 나타나고 있습니다. 녹조 현상에 대해 알고, 녹조 현상을 예방할 수 있는 방법에는 무엇이 있을지 생각해 봅시다. (STEAM 융합 문항)

—> 평가표 :

(1) 번 이유를 맞게 쓴 경우	2 점
(2) 번 영향을 2 가지 이상 쓴 경우	4 점
(3) 번 적절한 방법을 2 가지 이상 쓴 경우	4 점
(1) + (2) + (3) 총합계	10 점

정답 및 해설

—> 정답 : (1) 여름철에 햇빛이 더 강하므로 수온이 높아지고 광합성을 하는 녹조류와 남조류가 성장하기 좋은 환경이 만들어지기 때문이다.

(2) 예시 답안)

① 산소의 부족으로 물고기가 폐사하여 부패하면서 악취가 발생한다.
② 채취한 수돗물 속의 조류를 제거하는 단계가 많아진다.
③ 농업용수로 사용한 녹조를 포함한 물이 농작물에 영향을 줄 수도 있다.
④ 어패류가 폐사하여 양식장에 피해를 준다.
⑤ 수영, 낚시, 수상스키 등 수상 여가 활동을 즐길 수 없다.

(3) 예시 답안)

① 댐이나 저수지 등에 확보된 물을 방류하여 정체된 물을 순환시킨다.
② 녹조류와 남조류를 먹고 사는 동물성 원생생물을 이용하여 녹조류와 남조류의 수를 줄인다.
③ 가정 하수를 충분히 정화하고 공장 폐수를 깨끗이 처리한다. 또한, 농경지나 도시 지역에 발생한 오염 물질이 빗물과 함께 강으로 흘러들어 가지 않게 하여 조류의 먹이인 영양염류가 풍부해지지 않도록 한다.
④ 강이나 호숫가에 나무를 심어 햇빛을 차단한다.
⑤ 물속에 공기를 넣어준다.

—> 해설 : (3) ③,④ 녹조류나 남조류는 영양염류를 먹거나 광합성을 통해 증식하므로 물속에 영양염류가 많고 햇빛이 강하게 들어오면 수가 급격하게 증가한다. 따라서 오염물질의 유입과 햇빛을 차단하는 것이 녹조를 예방할 수 있다.

⑤ 물속에 공기를 넣어주면 산소가 증가하여 녹조류나 남조류를 먹는 물고기들이 살 수 있고, 정체된 물의 흐름을 순환시킬 수 있다.

점수에 따른 성취도 등급

등급	1등급	2등급	3등급	4등급	5등급	총점
평가	42 점 이상	32 점 이상 ~ 41 점 이하	22 점 이상 ~ 31 점 이하	12 점 이상 ~ 21 점 이하	11 점 이하	52 점

3 모의고사 3 회

▶ 총 8 문제입니다. 문제 배점은 각 문항별 평가표를 참고하면 됩니다.

▶ 1 번 : 영재성 검사 문항 / 2 ~ 6 번 : 창의적 문제 해결 문항 / 7 ~ 8 번 : STEAM 융합 문항

▶ 각 문항은 유창성, 융통성, 독창성, 정교성 네 가지의 창의력 요소를 기준으로 평가하였습니다.

유창성 : 특정 문제에 대해 제한된 시간 내에 다양한 해결책을 생각해 내었는지를 평가합니다. 질문의 의도에 타당한 답변의 개수가 많을수록 높은 점수를 받습니다.

융통성 : 한 문제에 대해 여러 분야를 넘나들며 많은 해결책을 제시하였는가를 평가합니다. 답안이 서로 분야 혹은 범주가 겹치지 않는 답변이 많을수록 높은 점수를 받습니다.

독창성 : 남들과는 다른 본인만의 방법을 제시하였는가를 평가합니다.

정교성 : 처음에 생각해낸 아이디어를 다듬어 발전시켜 표현할 수 있는지 확인하는 문항입니다. 제시된 답안과 가깝고, 원리를 정확하게 이해하고 답했는지 평가합니다.

문 01
P. 32

문항 분석 및 평가표

⟶ 문항 분석 : 각각 앞뒤의 상황을 생각하여 무한이가 두부를 사러 갔다가 왜 집 앞에서 울고 있었을지 구체적인 상황을 떠올려 봅시다. (유창성, 융통성) (영재성 검사 문항)

⟶ 평가표 :

1 가지 쓴 경우	2 점
2 가지 쓴 경우	3 점
3 가지 이상 쓴 경우	5 점

출제자 예시 답안

⟶ ① 두부를 사러 가는 길에 돈을 잃어버려서 엄마에게 혼날까 봐 무서웠다.
② 두부를 사고 오는 길에 자전거와 부딪히면서 두부가 으깨지고 피가 났다.
③ 두부를 사야 하는 돈으로 과자를 사 먹고 돌아와서 엄마에게 혼났다.
④ 가게에서 두부를 계산하려고 했는데 돈을 집에 두고 와서 난감한 표정을 지었더니 가게 주인 아저씨가 도둑이라고 오해했다.

문항 분석 및 평가표

⟶ 문항 분석 : 고체 물질은 한 부분을 가열하면 그 부분의 온도가 높아지고, 온도가 높은 부분에서 주변의 온도가 낮은 부분으로 열이 이동하는데, 이러한 현상을 열의 전도라고 합니다. 열의 전도는 철판과 유리판 중에서 금속인 철판에서 더 빠르게 일어납니다. (정교성) (창의적 문제 해결 문항)

⟶ 평가표 :

(1) 번 답이 맞는 경우	2 점
(2) 번 '열전도' 에 대해 맞게 서술한 경우	3 점
(1) + (2) 총합계	5 점

정답 및 해설

⟶ 정답 : (1) 철판

이유 : 열의 전도는 비금속 물체(유리)에서 보다 금속 물체(철)에서 더 빠르게 일어나므로 철판에 떨어뜨린 촛농이 더 빨리 녹는다.

(2) 판에서 토치로 가열하는 부분은 열로 인해 분자 운동이 활발해지면서 온도가 높아진다. 가열된 부분의 분자 운동이 주변의 분자를 운동시켜 열에너지를 전달하는 열의 전도가 일어난다.

문항 분석 및 평가표

⟶ 문항 분석 : 우리 몸에서는 심장에서 나온 혈액이 동맥, 모세혈관, 정맥을 거쳐 다시 심장으로 돌아가는 온몸 순환이 일어납니다. 온몸 순환이란 좌심실에서 나온 혈액이 온몸을 돌면서 조직 세포에 산소와 영양소를 주고, 조직 세포에서 생긴 이산화 탄소와 노폐물을 받아 우심방으로 들어오는 혈액 순환 과정입니다. 마라톤 선수가 많은 에너지를 내기 위해서는 온몸 순환에 의해 조직 세포에 산소와 영양소의 공급이 활발하게 이루어져 에너지를 많이 만들어낼 수 있어야 합니다. (융통성, 정교성) (창의적 문제 해결 문항)

⟶ 평가표 :

(1) 번 답을 맞게 쓴 경우	2 점
(2) 번 이유를 맞게 쓴 경우	3 점
(1) + (2) 총합계	5 점

정답 및 해설

⟶ 정답 : (1) 마라톤 선수는 에너지 소비량이 많다. 에너지를 내기 위해서는 조직 세포에서 영양소가 산소에 의해 분해되어야 한다. 그러므로 좌심실의 수축으로 많은 혈액을 온몸으로 내보내 조직 세포에 산소와 영양소를 계속 공급해 주므로 좌심실의 근육량이 증가하여 일반인보다 심장이 더 크고 무거워진다.

(2) 산소가 희박한 고지에서는 혈액 속에 녹아 들어가는 산소의 양이 적다. 따라서 좌심실의 수축으로 많은 혈액을 온몸으로 내보내 산소를 공급해 줘야 하므로 좌심실의 근육량이 증가한다. 고지에서 트레이닝을 계속하면 그렇지 않은 곳에서 트레이닝을 할 때보다 심장의 근육이 더 발달하므로 마라톤 경기를 할 때 더 잘 뛸 수 있게 된다.

⟶ 해설 : 마라톤 선수의 심장은 좌심실의 강한 수축에 의해 온몸으로 혈액이 흐르면서 조직 세포에 산소와 영양소를 공급해 주기 때문에 좌심실의 근육이 특히 발달되어 있다. 좌심실에서 나온 혈액이 온몸을 돌면서 조직 세포에 산소와 영양소를 공급하고 이 영양소가 분해되어 근육에서 ATP, 즉 에너지가 생성된다.

문항 분석 및 평가표

⟶ 문항 분석 : – 내가 스케이트보드를 타고 벽을 밀면 뒤로 밀려납니다. 사람이 벽에 힘을 가하면 그 순간 사람은 벽으로부터 힘을 받아 뒤로 운동하게 되는 것입니다. 이것은 작용과 반작용 법칙 때문에 나타나는 현상입니다. 반작용이란 물체에 힘을 주는 순간 물체로부터 받는 크기는 같고, 방향은 반대인 힘을 말합니다.

– 물체가 외부의 힘이 작용하지 않을 때, 자신의 상태를 그대로 유지하려고 합니다. 즉, 정지한 물체는 계속 정지해 있으려고 하고, 운동하는 물체는 운동 상태를 유지하려고 합니다. (정교성) (창의적 문제 해결 문항)

⟶ **평가표 :**

(1) 번 답을 맞게 쓴 경우	3 점
(2) 번 '관성' 에 대해 설명한 경우	3 점
(1) + (2) 총합계	6 점

정답 및 해설

⟶ 정답 : (1) 혜원이의 범퍼카와 다른 사람의 범퍼카가 같은 힘을 받는다.

(2) 범퍼카를 타다가 급브레이크를 밟거나 다른 범퍼카와 충돌하면 범퍼카는 운동 상태가 변하지만 사람은 관성 때문에 원래의 운동 상태를 유지하기 위해 계속 운동하려고 한다. 그러면 앞으로 몸이 쏠려 범퍼카의 핸들에 부딪힐 수 있고, 몸이 범퍼카 밖으로 튕겨 나갈 수 있으므로 안전벨트로 몸을 고정시켜야 한다.

⟶ 해설 : (1) 다른 사람의 범퍼카가 멈춰있는 혜원이의 범퍼카에 힘을 가하면 혜원이의 범퍼카뿐만 아니라 그 사람의 범퍼카에도 같은 크기의 힘이 가해진다. 단, 둘이 받는 힘의 방향은 반대이다. (작용과 반작용 법칙)

문 05
P. 36

문항 분석 및 평가표

⟶ 문항 분석 : 달의 공전은 달이 지구를 중심으로 한 달에 한 바퀴씩 서쪽에서 동쪽으로 회전하는 것을 말합니다. 달이 지구 주위를 공전하므로 지구에서 달을 볼 때 태양 –지구 –달의 상대적인 위치에 따라 모양이 삭 → 초승달 → 상현달 → 망(보름달) → 하현달 → 그믐달 → 삭 의 순서로 달라집니다. 또한, 지구는 자전축을 중심으로 하루에 한 바퀴씩 스스로 회전하므로 태양이 떠 있는 낮에는 달을 볼 수 없습니다. (정교성) (창의적 문제 해결 문항)

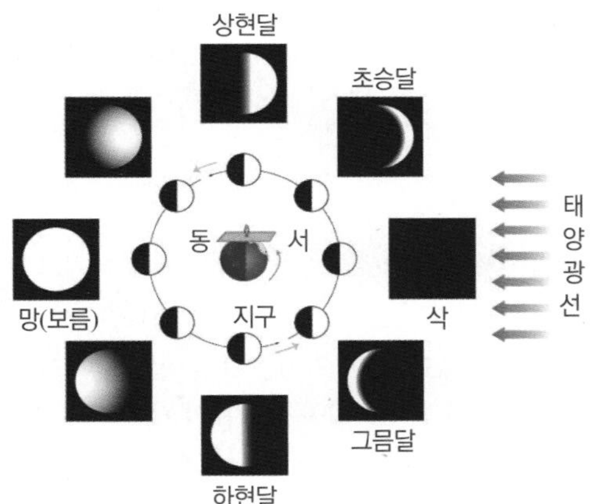

▲ 달의 모양 변화

달의 이름 (음력 관측일)	관측 시각
삭 (1일 경)	불가능
초승달 (3일 경)	**18 시(초저녁)** ~ 21 시 경
상현달 (7 ~ 8일 경)	**18 시(초저녁)** ~ 24 시 경
망 (15일 경)	**18 시(초저녁)** ~ 6 시 경
하현달 (22 ~ 23일 경)	자정 ~ 6 시 경
그믐달 (26일 경)	3 시 ~ 6 시 경

⟶ **평가표 :**

(1) 채점 기준

달의 이름을 일부만 맞춘 경우	1 점
달의 이름을 3 개 모두 맞춘 경우	3 점

(2) 채점 기준

방향과 이유를 맞게 쓴 경우	3 점
(1) + (2) 총합계	6 점

정답 및 해설

→ 정답 : (1) 초승달, 상현달, 망(보름달)

(2) 동쪽 하늘, 달은 지구를 중심으로 서쪽에서 동쪽으로 회전하기 때문이다.

→ 해설 : 달은 지구를 중심으로 한 달에 한 바퀴씩 서쪽에서 동쪽으로 회전한다. 초저녁에 매일 같은 장소에서 하루에 한 번씩 달의 모양을 음력 3 일 부터 음력 15 일 까지 관측하면 지구가 하루에 한 바퀴 자전할 때, 달도 하루에 약 13° 씩 서쪽에서 동쪽으로 이동하므로 초승달 → 상현달 → 망의 순서로 달이 관측된다.

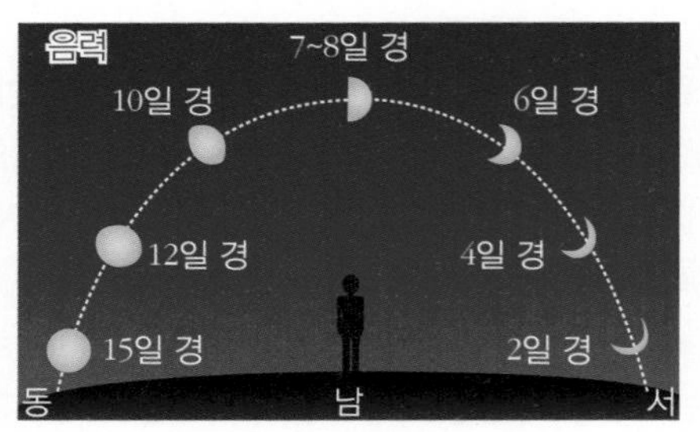

▲ 달의 위치 변화 (초저녁)

문 06
P. 37

문항 분석 및 평가표

→ 문항 분석 : 친구와 시소를 탈 때, 나보다 무거운 친구가 받침점과 멀리 앉아있고 내가 받침점과 가까이 앉아 있으면 나는 더 높이 떠 있게 됩니다. 또한, 가위로 종이를 자를 때 받침점으로부터 종이를 자르는 지점이 점점 멀어질수록 힘이 많이 들어갑니다. 이러한 현상은 지레의 원리입니다. 지레는 힘점, 받침점, 작용점으로 되어 있으며 물체(작용점)에서 받침점까지의 거리가 멀수록 더 많은 힘이 필요합니다. (융통성, 정교성) (창의적 문제 해결 문항)

→ 평가표 :

이유를 타당하게 설명한 경우	5 점

정답 및 해설

→ 정답 : 무한이가 상상이보다 가방끈을 길게 메고 있어서 똑같은 무게의 가방을 메고 있어도 무한이의 어깨에 더 많은 힘이 가해졌기 때문이다.

→ 해설 : 가방을 멜 때는 어깨가 받침점이 된다. 그러므로 가방끈의 길이가 짧아질수록 물체(작용점)와 어깨(받침점) 사이의 거리가 짧아지므로 어깨에 가해지는 힘이 줄어들어 가방을 더 가볍게 멜 수 있다.

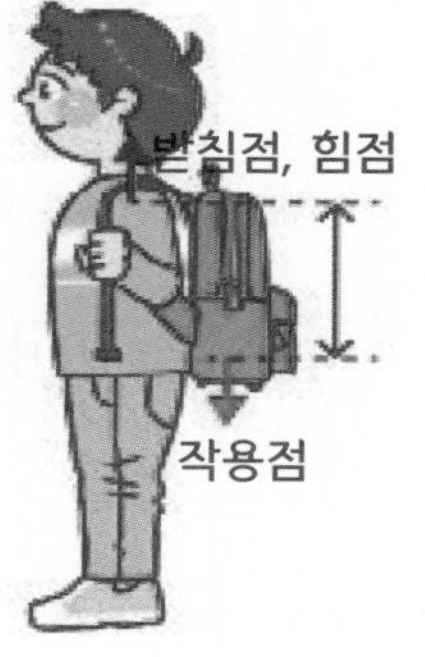

▲ 가방끈을 짧게 가방을 멘 경우

▲ 가방끈을 길게 가방을 멘 경우

문항 분석 및 평가표

⟶ 문항 분석 : 전자레인지는 마이크로파라는 고주파로 음식물 속의 물 분자를 회전시켜 발생하는 열로 음식물을 데우는 조리 기구입니다. 1945 년 미국인 파시 스펜서가 레이더에 사용되는 마그네트론 앞에 팝콘의 원료인 건조 옥수수를 놓았더니 팝콘이 격렬하게 톡톡 튀는 것을 보고 마이크로파가 음식물을 데우는 성질이 있다는 것을 알게 되었습니다. 이 실험을 계기로 스펜서는 전자레인지를 발명하게 되었습니다. (STEAM 융합 문항)

⟶ 평가표 :

(1) 번 답을 쓰고, 이유를 타당하게 설명한 경우	2 점
(2) 번 이유를 맞게 설명한 경우	3 점
(3) 번 장치를 모두 설명한 경우	3 점
(4) 번 장점을 2 가지 이상 쓴 경우	4 점
(1) + (2) + (3) + (4) 총합계	12 점

정답 및 해설

⟶ 정답 : (1) 마이크로파는 종이를 통과하므로 우유팩을 뜯지 않고도 우유를 데울 수 있다.

(2) ① 밥이 데워지면서 밥에 있는 수분의 일부가 증발하여 수증기가 발생한다. 상대적으로 온도가 낮은 그릇에 수증기가 닿아 그릇이 수증기의 열을 가져가고, 수증기는 그릇 표면에 응결된다. 그릇에 응결된 물에서 열의 전도가 일어나 그릇도 뜨거워진다.

② 밥이 데워지면서 밥에 있던 열이 그릇으로 전달되어 그릇도 뜨거워졌기 때문이다.

(3) 전자레인지의 내부 표면이 금속의 얇은 막으로 되어 있어 마이크로파를 반사하고, 음식물을 회전시켜 주는 회전 받침대(턴테이블)가 음식물에 마이크로파가 골고루 도달할 수 있게 해준다. 또한, 윗부분에 대류팬이 있어 발생한 열이 공기에 의해 음식물에 전달될 수 있다.

(4) ① 수분이 적게 증발되서 음식물이 마르지 않는다.

② 음식물이 내부에서 물 분자의 운동에 의해 데워지므로 타지 않고, 겉과 속이 일정하게 데워진다.

③ 음식물이 내부에서 물 분자의 운동에 의해 데워지므로 음식물 속 여러 성분이 화학적으로 변하지 않아서 영양분이 파괴되지 않고 몸에 해로운 성분이 발생하지 않는다.

⟶ 해설 : (1) 마이크로파는 종이, 유리, 세라믹을 통과할 수 있다.

(3) 전자레인지의 내부 표면은 마이크로파를 반사시키기 위해 금속의 얇은 막으로 되어 있다. 마이크로파가 반사되면 서로 겹쳐져서 사라지거나 커지는 부분이 생기므로 음식이 빨리 가열되고 늦게 가열되는 부분이 생긴다. 이를 해결하기 위해 음식물을 놓는 받침대를 회전시켜 음식물의 여러 부분에 마이크로파가 잘 도달할 수 있게 해준다.

(4) ① 가스레인지로 음식을 데우면 열에 의해 음식물 속의 수분 대부분이 증발한다.

②, ③ 보통 음식물은 열전도율이 낮아서 가스레인지로 짧은 시간 안에 음식물 속까지 데우려면 센 불로 가열하므로 겉 부분이 탄다. 음식물이 타면 음식물 속의 여러 성분이 화학 변화를 일으켜 영양분이 파괴되고 몸에 해로운 성분이 만들어진다.

문항 분석 및 평가표

→ 문항 분석 : 백열전구는 전기 에너지의 일부만 빛을 내는 데 쓰고 대부분은 열로 방출되어 전구가 뜨겁고 수명이 짧습니다. 이러한 백열전구를 대체할 수 있는 LED 는 전기 에너지의 90 % 이상을 빛 에너지로 바꾸므로 수명이 길고 경제적입니다. (STEAM 융합 문항)

→ 평가표 :

(1) 번 장점을 3 가지 이상 쓴 경우	4 점
(2) 번 적절한 방법을 쓴 경우	4 점
(1) + (2) 총합계	8 점

정답 및 해설

→ 정답 : (1) ① 밝기가 밝아서 흐린 날에도 잘 보인다.
② 빛 효율이 높아서 열이 적게 발생하고, 비용이 많이 들지 않는다.
③ 인체에 해로운 물질을 사용하지 않아서 안전하다.
④ 외부 충격에 강하다.
⑤ 수명이 길다.

(2) 예시 답안) 백색광을 내는 LED 의 머리 부분(수지 몰드)에 색을 넣어 백색광의 빛이 그 색으로 보이게 할 수 있다.

→ 해설 : (1) LED 는 반도체를 이용하여 전기 에너지를 그대로 빛 에너지로 바꾸므로 빛 효율이 높고 경제적이다. LED 전구가 1 초 동안 소비하는 전기 에너지가 9 W 라면 백열전구는 70 W 정도이다. LED 가 백열전구보다 에너지 절약 효과가 있으므로 비용을 절감할 수 있다. 또한, 10 년 동안 백열전구는 36 개를 교체하여 사용해야 할 때, LED 전구는 고장이나 깨지지 않는 한 1 ~ 2 개를 교체하여 사용할 정도로 긴 수명을 가지고 있다.

점수에 따른 성취도 등급

등급	1등급	2등급	3등급	4등급	5등급	총점
평가	42 점 이상	32 점 이상 ~ 41 점 이하	22 점 이상 ~ 31 점 이하	12 점 이상 ~ 21 점 이하	11 점 이하	52 점

4 모의고사 4 회

▶ 총 8 문제입니다. 문제 배점은 각 문항별 평가표를 참고하면 됩니다.

▶ 1 번 : 영재성 검사 문항 / 2 ~ 6 번 : 창의적 문제 해결 문항 / 7 ~ 8 번 : STEAM 융합 문항

▶ 각 문항은 유창성, 융통성, 독창성, 정교성 네 가지의 창의력 요소를 기준으로 평가하였습니다.

유창성 : 특정 문제에 대해 제한된 시간 내에 다양한 해결책을 생각해 내었는지를 평가합니다. 질문의 의도에 타당한 답변의 개수가 많을수록 높은 점수를 받습니다.

융통성 : 한 문제에 대해 여러 분야를 넘나들며 많은 해결책을 제시하였는가를 평가합니다. 답안이 서로 분야 혹은 범주가 겹치지 않는 답변이 많을수록 높은 점수를 받습니다.

독창성 : 남들과는 다른 본인만의 방법을 제시하였는가를 평가합니다.

정교성 : 처음에 생각해낸 아이디어를 다듬어 발전시켜 표현할 수 있는지 확인하는 문항입니다. 제시된 답안과 가깝고, 원리를 정확하게 이해하고 답했는지 평가합니다.

문 01

P. 44

문항 분석 및 평가표

⟶ 문항 분석 :해설 참조. (정교성) (영재성 검사 문항)

⟶ 평가표 :

답이 맞는 경우	5 점

정답 및 해설

⟶ 정답 : (1) 2020 년 3 월 5 일

⟶ 해설 : 축구를 2019 년 1 월 1 일에 처음 시작하고 10 일 뒤에 한다면 2019 년 1 월 12 일에 두 번째로 하게 된다. 2019 년에 축구를 하는 날은 1 일, 12 일(1 + 11), 23 일(1 + 11 + 11), 34 일(1 + 11 × 3) ... , 364 일(1 + 11 × 33) 이다. 이렇게 40 번째 축구를 하는 날은 (1 + 11 × 39) = 430 이므로, 430 일이 된다. 2019 년은 365 일이므로 430 − 365 = 65 일이고, 2020 년 1 월은 31 일까지, 2 월은 29 일까지 있으므로 65 − 60 = 5 일이다. 따라서 40 번째로 축구를 하는 날은 2020 년 3 월 5 일이다.

문 02

P. 45

문항 분석 및 평가표

⟶ 문항 분석 : 전구에 불이 켜지기 위해서는 전지, 전선, 전구가 끊기지 않고 연결되어 있어야 하고, 전구가 전지의 (+) 극과 (−) 극에 각각 연결되어 하나의 회로가 만들어져야 합니다. 전구는 저항의 역할을 하여 전류가 저항을 지날 때, 에너지가 발생하여 전구에 불이 들어옵니다. (융통성, 정교성) (창의적 문제 해결 문항)

⟶ 평가표 :

불이 들어오는 전구에 대해서 기호와 이유를 모두 맞게 쓴 경우	3 점
불이 들어오지 않는 전구에 대해서 기호와 이유를 모두 맞게 쓴 경우	3 점
총합계	6 점

정답 및 해설

⟶ 정답 :

	기호	이유
불이 들어오는 전구	(나), (다)	전지의 (+) 극이 전구의 꼭지와 연결되어 있고, 전지의 (–) 극이 전구의 꼭지쇠와 연결되어 전지, 전구, 전선이 끊기지 않고 연결되어 있다.
불이 들어오지 않는 전구	(가), (라)	전류가 전구로 들어가는 길과 나오는 길이 있어야 하는데, 길이 1 개라서 전류가 전구(저항)를 통과할 수 없다. 따라서 전구에서 에너지가 발생하지 않아 불이 들어오지 않는다.

⟶ 해설 : (나), (다) 전지, 전선, 전구가 끊기지 않고 연결되어 있고, 전지의 (+) 극과 (–) 극이 전구의 꼭지와 꼭지쇠에 각각 연결되어 있다. 따라서 전류가 전구를 통과할 수 있으므로 불이 들어온다. 전구는 (+) 극과 (–) 극이 구별되지 않으므로 (나) 와 (다) 모두 전구에 불이 들어온다.

문 03
P. 46

문항 분석 및 평가표

⟶ 문항 분석 : 고래는 물속에 살지만, 아가미 대신 콧구멍을 통해 폐로 숨을 쉽니다. 콧구멍은 머리 위에 나 있는데 물속에 있을 때는 닫혀서 물이 들어가지 않습니다. 아가미가 없는 고래는 숨을 쉬기 위해 물 밖으로 나와야 합니다. 보통 5 ~ 10 분마다 수면 위로 올라와 숨을 쉬지만, 종류에 따라서는 최대 45 분까지 물속에 있을 수 있다고 합니다. (융통성, 정교성) (창의적 문제 해결 문항)

⟶ 평가표 :

(1) 번 답을 맞게 쓴 경우	2 점
(2) 번 답을 맞게 쓴 경우	3 점
(1) + (2) 총합계	5 점

정답 및 해설

⟶ 정답 : (1) 고래는 머리 위에 있는 콧구멍으로 숨을 쉬고 물속에서는 닫아 놓는다. 잠수를 마치고 수면 위로 올라와 폐 속의 공기를 바꾸기 위해 등에 있는 구멍과 콧구멍을 통해 주변의 물과 공기를 내뿜는 것이다.

(2) ① 고래가 물에 떠 있을 때는 부력이 중력과 같은 크기로 작용하여 평형을 이루기 때문에 고래의 폐는 힘을 받지 않는다. 하지만 육지에서는 부력이 없으므로 고래는 큰 중력을 받고 척추에 폐가 짓눌려서 숨을 쉬지 못한다.

② 육지로 올라오면 강한 햇빛 때문에 화상을 입고 피부 수축이 일어나며 지속적인 체온 상승이 죽음에 이르게 한다.

③ 물속의 압력은 육지의 대기압보다 크다. 고래의 폐는 물속의 압력에 적응되어 있으므로 대기압(1기압)에서는 숨을 쉴 수 없다.

⟶ 해설 : (1) 잠수를 마치고 수면 위로 올라와 폐 속의 공기를 내뿜는다. 이 공기는 따뜻한 공기로 고래의 몸 밖은 상대적으로 온도가 낮아 내뿜은 공기 중 수증기가 물방울로 변해 물을 뿜는 것처럼 보인다. 주로 깊은 바다에서 사는 고래는 물기둥이 8 m 나 되는데, 짧은 시간에 약 2000 L 의 공기를 내뿜고 다시 새로운 공기를 들이마신다.

문항 분석 및 평가표

→ 문항 분석 : 이동하는 데 걸린 시간과 이동 거리가 모두 다른 물체의 빠르기는 속력을 구해 비교할 수 있습니다. 물체의 속력은 물체가 이동하는 빠르기로, 이동 거리를 시간으로 나누어 구합니다. 단위는 m/s, km/h 등이 있습니다. (정교성)(창의적 문제 해결 문항)

→ 평가표 :

(1) 번 답이 맞는 경우	2 점
(2) 번 답이 맞는 경우	2 점
(3) 번 답이 맞는 경우	2 점
(1) + (2) + (3) 총합계	6 점

정답 및 해설

→ 정답 : (1) 1 m/s (2) 0.5 m/s (3) 1 m/s

→ 해설 : 사진은 혜원이가 자동길(무빙워크)을 따라 움직이는 선영이의 모습을 매 1 초마다 찍은 모습이다.

(1) (가) 구간에서 선영이는 10 초 동안 10 m 를 이동했다. 따라서 $속력 = \frac{거리(m)}{시간(s)} = \frac{10\text{ m}}{10\text{ s}} = 1\text{ m/s}$ 이다.

(2) (다) 구간에서 선영이는 걷지 않고 서서 자동길의 속력으로만 가고 있다고 했으므로 자동길이 움직이는 속력은 (다) 구간에서 구할 수 있다. (다) 구간에서 선영이는 5 초 동안 2.5 m 를 이동했다.

따라서 $속력 = \frac{거리(m)}{시간(s)} = \frac{2.5\text{ m}}{5\text{ s}} = 0.5\text{ m/s}$ 로, 자동길이 움직이는 속력이다.

(3) 선영이가 자동길 위에서 최고의 속력으로 걷고 있는 (나) 구간에서 선영이는 15 초 동안 22.5 m 를 이동했다.

따라서 (나) 구간에서 선영이가 움직이는 속력은 $\frac{거리(m)}{시간(s)} = \frac{22.5\text{ m}}{15\text{ s}} = 1.5\text{ m/s}$ 이다.

자동길의 속력이 0.5 m/s 이므로 선영이가 맨땅에서 걷는 속력은 1 m/s 이다.

문항 분석 및 평가표

→ 문항 분석 : 기도에 이물질이 걸린 사람은 기도를 통한 산소의 공급이 차단됩니다. 그러므로 가장 빠르게 일어나는 변화는 숨을 거칠게 내쉬는 것입니다. 이물질을 빼기 위해 손가락을 넣으면 이물질이 더 밀려들어 가거나 목의 근육이 긴장되어 이물질이 더 단단하게 고정될 수 있으므로 손가락을 넣는 것은 위험한 방법입니다. 기도에 이물질이 걸렸을 때 구조자는 피구조자를 뒤에서 안고, 가슴 밑을 세게 밀어올려 이물질을 토하게 하는 응급처치 방법인 '하임리히법' 을 따르는 것이 가장 좋습니다. (융통성, 정교성) (창의적 문제 해결 문항)

→ 평가표 :

(1) 번 일어날 수 있는 변화를 맞게 쓴 경우	3 점
(2) 번 압력과 관련지어 맞게 설명한 경우	3 점
(1) + (2) 총합계	6 점

정답 및 해설

→ 정답 : (1) ① 양손으로 목을 감싸 쥐면서 괴로워한다. ② 호흡 곤란으로 숨을 헐떡인다.
③ 입술이나 손가락 끝이 푸른색을 띤다. ④ 얼굴이 점점 창백해진다.
⑤ 몸의 기능이 급격히 저하되는 쇼크 증상이 온다.

(2) 가슴 밑을 누르듯 반복해서 올려주면 폐를 둘러싼 흉강의 부피가 감소하면서 압력이 커지게 된다. 흉강의 압력이 몸 밖의 압력보다 높으므로 압력 차이에 의해 공기가 기도를 통해 급격하게 바깥쪽으로 이동하게 된다. 이때 공기와 함께 기도를 막고 있던 사탕도 빠져나갈 수 있게 된다.

→ 해설 : (1) ① ,② 공기가 폐로 전달되는 길인 기도가 막히면 숨을 쉬기 힘들어지므로 괴로워하다가 숨을 헐떡이게 된다.
③ 산소가 부족한 혈액은 폐를 지나면서 폐의 모세혈관에서 이산화 탄소를 내보내고 산소를 받아오는 기체 교환을 한다. 산소가 풍부해진 혈액은 붉은색을 띤다. 그런데 폐에 산소 공급이 안 되면 혈액에 포함되는 산소의 양이 적어지므로 피부가 얇은 입술이나 손가락 끝이 푸른색으로 보인다.
④ 겁이나거나 놀라면 혈관이 수축하여 평소보다 혈액이 적게 흐르므로 점점 창백해진다.

(2) 사람은 갈비뼈가 내려가고 가로막이 올라가면 흉강의 부피가 작아지고 흉강의 압력이 높아진다. 그러면 폐의 내부 압력도 높아지므로 폐의 압력이 몸 밖의 압력과 같아지기 위해 폐에서 공기가 기도를 통해 나가는 것이 사람이 숨을 내쉬는 과정이다. '하임리히법' 은 가슴 밑을 세게 밀어 올려주는데, 이때 가로막이 올라가면서 숨을 급격히 내쉬는 과정이 일어난다. 그러면 갑자기 많은 공기가 기도를 통해 나가면서 이물질이 함께 빠져나갈 수 있게 된다.

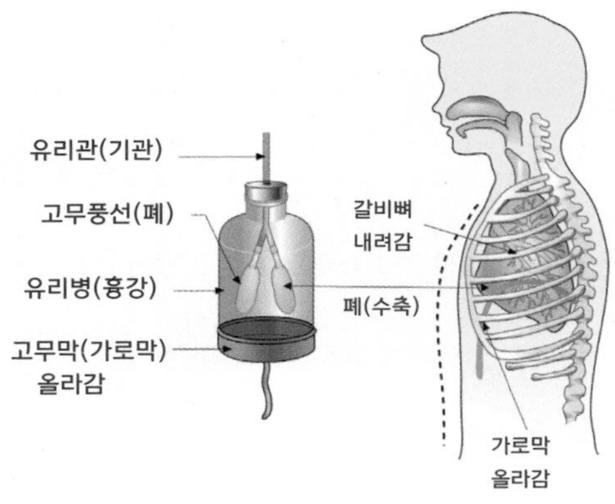

▲ 사람의 날숨 ('하임리히법' 의 원리)

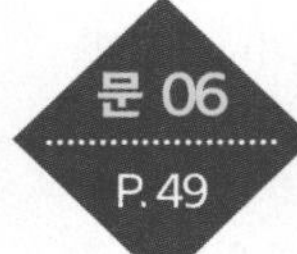

문항 분석 및 평가표

→ 문항 분석 : 연소는 어떤 물질이 산소와 만나 타면서 열과 빛을 내는 것을 말합니다. 물질이 연소를 하기 위해서는 탈물질, 산소, 발화점 이상의 온도가 필요합니다. 물질이 연소될 때는 산소와 접촉하는 부분이 많을수록 연소가 더 잘 일어납니다. (융통성, 정교성) (창의적 문제 해결 문항)

→ 평가표 :

(1) 번 답을 맞게 쓴 경우	2 점
(2) 번 이유를 모두 맞게 쓴 경우	3 점
(1) + (2) 총합계	5 점

정답 및 해설

→ 정답 : (1) 종이에 볼록렌즈로 햇빛을 모으면 종이의 온도가 발화점 이상의 온도가 되어 불이 붙기 시작한다. 그리고 주변에 산소가 있으므로 종이는 탈 수 있다.

(2) ① 연탄의 표면적을 넓혀 더 많은 산소와 만나 탈 수 있도록 도와주므로 연소 효율을 높일 수 있다.

② 연탄의 내부까지 산소가 공급되도록 하여 겉과 속이 모두 잘 타서 더 많은 열량을 낼 수 있다.

→ 해설 : (1) 볼록렌즈는 빛을 모으는 성질이 있으므로 종이의 온도가 발화점 이상으로 높아지면 불이 붙는다.

(2) 연탄에 있는 구멍은 연탄이 연소될 때, 산소와 더 많이 반응할 수 있도록 도와준다. 연탄은 겨울철에 난방을 위해 사용하기도 하고, 화덕에서 빵 등을 굽기 위해 사용하기도 한다. 이러한 연탄은 연소 과정에서 인체에 해로운 일산화 탄소가 발생할 수 있다. 탄소와 산소로 구성된 일산화 탄소(CO)는 안정한 이산화 탄소(CO_2)가 되기 위해 산소 원자와 반응하려고 한다. 사람이 일산화 탄소를 흡입하면 일산화 탄소가 혈액 속의 산소 원자를 모두 뺏어가 우리 몸에 산소가 부족하게 된다. 그러면 두통과 구토의 증상이 나타나고, 사망에 이를 수 있다. 일산화 탄소에 노출되었다면 우선 창문을 열고, 신선한 공기가 있는 곳으로 빠르게 이동해야 한다. 이미 질식하여 의식이 없는 사람은 고농도의 산소를 공급받아야 깨어날 수 있다.

문항 분석 및 평가표

→ 문항 분석 : 탄산음료는 높은 압력과 낮은 온도에서 물에 이산화 탄소를 녹인 탄산을 이용하여 만든 음료수입니다. 한 번 뚜껑을 연 탄산음료는 녹아있는 이산화 탄소 기체가 빠져나가서 톡 쏘는 맛이 줄어들며, 개봉한 뒤에는 뚜껑을 아무리 잘 닫아도 소용이 없습니다. 그 이유는 음료를 마셔서 늘어난 빈 공간으로 이산화 탄소가 빠져나오기 때문입니다. (STEAM 융합 문항)

→ 평가표 :

(1) 번 답이 맞는 경우	2 점
(2) 번 이유를 맞게 설명한 경우	3 점
(3) 번 과정을 맞게 쓴 경우	5 점
(1) + (2) + (3) 총합계	10 점

정답 및 해설

→ 정답 : (1) 실온에서 보관한 콜라

(2) 냉동실에 넣어둔 콜라는 물이 얼면서 녹아있던 이산화 탄소가 빠져나온다. 빠져나온 이산화 탄소는 좁은 콜라 캔 속에 쌓이면서 압력이 커진다. 이때 마개를 따면 압력이 커진 상태인 이산화 탄소가 구멍으로 분출되면서 캔 내부의 압력이 낮아지기 때문에 폭발한 것이다.

(3) ① 플라스틱 컵에 생수를 반 정도 담는다.

② 생수에 설탕 한 숟가락을 넣고 완전히 녹인 후 얼음을 띄운다.

③ 설탕을 녹인 생수에 소다를 넣고 녹인다.

④ 혼합 용액에 시트르산을 넣고 녹인다.

⑤ 컵 위쪽을 랩으로 감싼 다음 고무줄로 단단히 묶어준다.

→ 해설 : (1) 기체의 용해도는 압력이 높고, 온도가 낮을수록 크다. 실온에서 보관한 콜라는 온도가 높으므로 물에 녹아있던 이산화 탄소가 더 많이 빠져나오게 된다.

(3) 염기성인 탄산 수소 나트륨과 산성인 시트르산이 만나면 물이 생기면서 처음에 녹여줬던 설탕의 단맛이 나게 된다. 이 과정에서 이산화 탄소도 만들어진다. 시트르산을 넣는 순간부터 기체가 생기기 시작하므로 이산화 탄소가 빠져나가지 않도록 랩을 씌우고 고무줄로 단단히 묶어 압력을 낮춰줘야 한다.

문항 분석 및 평가표

⟶ 문항 분석 : KBO(Korea Baseball Organization)는 우리나라의 프로 야구 리그입니다. 현재 10 개의 팀이 있고 매년 리그를 통해 우승자가 나옵니다. (STEAM 융합 유형)

⟶ 평가표 :

(1) 번 실밥의 역할을 맞게 설명한 경우	3 점
(2) 번 이유를 맞게 설명한 경우	4 점
(3) 번 답이 맞는 경우	5 점
(1) + (2) + (3) 총합계	12 점

정답 및 해설

⟶ 정답 : (1) 야구공에 있는 실밥은 공기의 저항을 크게 하여 투수가 공을 던질 때, 다양한 각도로 던질 수 있게 해주고, 타자가 친 공이 야구장 밖까지 날아가는 횟수를 줄여 경기를 더욱 흥미롭게 만들어 준다.

(2) 야구를 할 때 원래 나무 배트를 사용했지만, 현재는 야구 선수들만 나무 배트를 사용한다. 알루미늄 배트는 나무보다 단단하여 쉽게 부러지지 않으므로 비용이 적게 들고 가벼우며 탄성이 좋아서 아마추어들이 공을 치기에 좋다. 하지만 야구 선수들이 알루미늄 배트를 사용하면 배트가 가벼워서 선수의 힘이 배트와 공에 모두 전달되지 않으므로 공이 멀리 날아가지 않는다. 그러면 경기 진행이 어렵고 실력을 가늠할 수 없게 된다.

(3) 날아오는 공이 야구 배트의 '스위트 스팟' 에 맞으면 야구 배트의 운동 에너지가 모두 야구공에 전달된다. 이때 배트를 잡은 타자의 손에 아무런 진동이 느껴지지 않아 홈런을 직감할 수 있다.

⟶ 해설 : (3) 날아오는 공이 야구 배트의 타격 중심인 '스위트 스팟' 에 맞으면 타자가 배트에 가하는 힘과 공이 배트에 가하는 힘이 상쇄되어 에너지가 야구공에 모두 전달된다. 따라서 배트를 잡은 타자의 손에 아무런 진동이 느껴지지 않고 공이 멀리 뻗어 나간다. 만약 공이 '스위트 스팟' 이 아닌 다른 곳에 맞게 되면 타자의 손에 진동이 느껴지거나 배트가 부러지면서 공이 멀리 날아가지 못한다.

점수에 따른 성취도 등급

등급	1등급	2등급	3등급	4등급	5등급	총점
평가	44 점 이상	33 점 이상 ~ 43 점 이하	22 점 이상 ~ 32 점 이하	11 점 이상 ~ 21 점 이하	10 점 이하	55 점

5 모의고사 5 회

▶ 총 8 문제입니다. 문제 배점은 각 문항별 평가표를 참고하면 됩니다.

▶ 1 번 : 영재성 검사 문항 / 2 ~ 6 번 : 창의적 문제 해결 문항 / 7 ~ 8 번 : STEAM 융합 문항

▶ 각 문항은 유창성, 융통성, 독창성, 정교성 네 가지의 창의력 요소를 기준으로 평가하였습니다.

유창성 : 특정 문제에 대해 제한된 시간 내에 다양한 해결책을 생각해 내었는지를 평가합니다. 질문의 의도에 타당한 답변의 개수가 많을수록 높은 점수를 받습니다.

융통성 : 한 문제에 대해 여러 분야를 넘나들며 많은 해결책을 제시하였는가를 평가합니다. 답안이 서로 분야 혹은 범주가 겹치지 않는 답변이 많을수록 높은 점수를 받습니다.

독창성 : 남들과는 다른 본인만의 방법을 제시하였는가를 평가합니다.

정교성 : 처음에 생각해낸 아이디어를 다듬어 발전시켜 표현할 수 있는지 확인하는 문항입니다. 제시된 답안과 가깝고, 원리를 정확하게 이해하고 답했는지 평가합니다.

문 01

P.56

문항 분석 및 평가표

⟶ 문항 분석 : 선영이와 혜원이의 대화에 어떤 문제가 있는지 파악하여 대화 내용이 자연스럽게 이어지기 위해 혜원이가 할 수 있는 말을 직접 써보는 문제입니다. 혜원이의 대화 내용을 고쳐야 하므로 선영이의 대화 주제에 초점을 맞춰 답을 써 봅시다. (정교성) (영재성 검사 문항)

⟶ 평가표 :

(1) 번 이유를 타당하게 쓴 경우	2 점
(2) 번 선영이의 대화 주제에 초점을 맞춰 혜원이의 말을 쓴 경우	3 점
(1) + (2) 총합계	5 점

정답 및 해설

⟶ 정답 : (1) ① 서로 자신의 주장만 펼치고 있으므로 대화가 자연스럽지 않다.
② 서로 다른 주제로 이야기를 하고 있으므로 대화가 자연스럽지 않다.

(2) 예시 답안)

① 선영 : 혜원아, 어제 과학 시간에 배운 식물에 대해서 같이 더 알아보자.
혜원 : (나도 더 알아보고 싶긴 하지만 난 그림 먼저 그리고 할래).
선영 : 과학 숙제하려면 더 공부해야 하는데, 너는 숙제했어?
혜원 : (그림 먼저 그려도 숙제할 시간이 있을 것 같아. 숙제할 때 말해줄게).

② 선영 : 혜원아, 어제 과학 시간에 배운 식물에 대해서 같이 더 알아보자.
혜원 : (그럴래? 과학 숙제도 있었잖아).
선영 : 과학 숙제하려면 더 공부해야 하는데, 너는 숙제했어?
혜원 : (아니. 나도 아직 식물에 대해 이해가 잘 안 가서 더 알아봐야 할 것 같아. 같이 하자).

문항 분석 및 평가표

→ 문항 분석 : 씨가 없는 '캐번디시 바나나' 는 식물의 영양 기관인 뿌리, 잎, 줄기로 번식하는 영양생식을 합니다. 캐번디시 바나나는 영양생식을 하므로 같은 품종을 계속해서 생산하기 쉽지만, 유전적 다양성이 적고 환경 적응력이 떨어져 병충해에 취약하다는 단점이 있습니다. 캐번디시 바나나를 먹기 전에는 '그로 미셸' 이라는 품종의 바나나를 즐겨 먹었습니다. 하지만 이 품종은 파나마병에 걸려 결국 생산이 중단되었습니다. 만약 '그로 미셸' 품종의 바나나가 씨가 있었다면 품종 개량을 통해 파나마병에 강한 품종을 쉽게 만들어 낼 수 있었을 것입니다. (융통성, 정교성) (창의적 문제 해결 문항)

→ 평가표 :

(1) 번 답을 맞게 쓴 경우	3 점
(2) 번 답을 맞게 쓴 경우	3 점
(1) + (2) 총합계	6 점

정답 및 해설

→ 정답 : (1) 캐번디시 바나나는 씨가 없으므로 식물의 영양 기관인 뿌리, 잎, 줄기를 이용하는 영양생식의 방법으로 번식한다. 따라서 바나나의 뿌리나 줄기를 잘라서 땅에 다시 심는 꺾꽂이나 휘묻이 등을 통해 바나나를 생산할 수 있다.

(2) ① 다른 부분보다 햇빛을 많이 받아 성장 속도가 빠른 부분이 세포 분열이 활발하게 일어난다. 그러므로 그 부분의 크기가 커지면서 햇빛을 적게 받는 쪽으로 구부러진다.

② 바나나는 원래 햇빛이 적은 곳에서 자랐다. 그래서 바나나가 햇빛을 많이 받기 위해 식물 호르몬의 영향으로 태양 쪽으로 구부러지면서 자라도록 적응이 되었다.

→ 해설 : (1) 영양생식은 식물의 영양 기관인 뿌리, 잎, 줄기를 이용하여 번식하는 것을 말한다. 영양생식을 이용하여 식물을 재배하는 방법에는 꺾꽂이, 잎꽂이, 휘묻이, 접붙이기, 포기 나누기가 있다. 꺾꽂이와 잎꽂이는 줄기와 잎을 잘라서 땅에 다시 심는 방법이다. 휘묻이는 줄기를 구부려서 땅에 묻는 방법이고, 접붙이기는 서로 다른 두 나무의 일부를 잘라 연결하여 하나의 개체로 만드는 방법이다. 포기 나누기는 한 개체가 뭉쳐서 나는 식물을 인위적으로 나누어 심는 방법이다. 바나나는 뿌리나 줄기를 땅에 다시 심는 방법을 쓰므로 주로 꺾꽂이와 휘묻이의 방법으로 재배한다.

▲ 휘묻이 ▲꺾꽂이 ▲잎꽂이 ▲ 포기 나누기 ▲ 접붙이기

문항 분석 및 평가표

⟶ 문항 분석 : 세포막과 같은 물(용매)만을 통과시키는 반투막으로 농도가 다른 두 용액을 나눠놓았을 때, 농도가 낮은 쪽에서 농도가 높은 쪽으로 물(용매)이 옮겨가는 것을 삼투 현상이라고 합니다. 물속에서 손이 쭈글쭈글해지는 것도 물보다 우리 손을 이루는 세포의 농도가 높아 세포막을 통해서 물이 손으로 이동하기 때문입니다. (정교성) (창의적 문제 해결 문항)

⟶ 평가표 :

답을 맞게 쓴 경우	4 점

정답 및 해설

⟶ 정답 : 생선에 소금을 뿌려 보관하면 생선에서 번식하는 세균의 세포질보다 소금물의 농도가 크므로 세균에서 소금물로 물이 모두 빠져나가 말라 죽게 된다.

⟶ 해설 : 적절한 식품 보관법을 따르면 식품을 오래 보관할 수 있다. 식품 보관법에는 냉장·냉동법, 건조법, 염장법이 있다. 냉장·냉동법은 냉장고나 냉동실의 낮은 온도가 세균의 번식을 막는 방법으로 저장할 식품의 종류에 따라 온도와 기간을 적절히 선택해야 한다. 건조법은 식품의 수분 함량을 줄이는 방법으로 세균이 좋아하는 환경을 없애 번식을 막을 수 있다. 염장법은 식품의 삼투압을 높이는 방법으로 세균의 세포질에 있는 물이 모두 빠져나가 살 수 없게 만든다.

생선에 소금을 뿌려 보관하는 것은 염장법으로 삼투 현상을 이용한 것이다. 생선에서 번식하는 세균의 세포질에 있는 물이 삼투 현상으로 모두 빠져나가 세균이 말라 죽게 된다.

문 04
P.59

문항 분석 및 평가표

⟶ 문항 분석 : 고추에는 '캡사이신' 이라는 성분이 들어 있습니다. 이 성분은 고추가 자신을 지키거나 씨를 보호하여 번식하기 위해 만들어내는 화학 물질입니다. '캡사이신' 은 물에 녹지 않으므로 매운맛을 없애고 싶을 때 물을 마셔도 도움이 되지 않습니다. 우유를 마시면 매운맛을 없앨 수 있는데 이것은 우유의 지방산이 캡사이신을 녹이기 때문입니다. (정교성) (창의적 문제 해결 문항)

⟶ 평가표 :

(1) 채점 기준

적절한 변화를 1 가지 쓴 경우	1 점
적절한 변화를 2 가지 이상 쓴 경우	3 점

(2) 채점 기준

답을 맞게 쓴 경우	3 점
(1) + (2) 총합계	6 점

정답 및 해설

⟶ 정답 : (1) ① 입술 주변이 뜨거워지고 아프다. ② 눈물과 콧물이 나온다.
③ 심장이 빨리 뛴다. ④ 땀이 난다.

(2) 고추의 캡사이신 성분이 혀의 통점을 자극하고, 자극 정보가 신경에 의해 대뇌로 보내지면 매운맛이라고 느끼게 된다.

⟶ 해설 : (1) ① 매운맛은 통점을 자극하는 것으로 매운 음식을 먹을 때 접촉하는 피부의 통점을 통해서도 자극이 전달된다.

② 통증을 일으키는 캡사이신 물질을 희석시키기 위해 대뇌에서 눈물과 콧물이 흐르도록 명령을 내린다. 또한, 매운 냄새가 콧속의 점막을 자극하여 콧물이 나온다.

③ 캡사이신은 통각을 자극하므로 통증을 완화시키기 위해 교감신경이 활성화되면서 아드레날린 호르몬의 분비를 촉진시킨다. 아드레날린이 분비되면 심장 박동이 빨라진다.

④ 캡사이신은 심장 박동을 빨라지게 한다. 심장 박동이 빨라지면 혈액 순환이 활발해져 피부 온도가 올라가면서 땀과 열이 나게 된다.

(2) 매운맛은 혀의 미각세포인 미뢰로 느끼는 맛이 아니라 혀의 통점을 자극하여 느끼는 것이다. 고추의 캡사이신 성분은 우리 몸에 닿으면 43 ˚C 이상의 온도를 감지하는 통각 수용체인 TRPV1 을 자극한다. 이 수용체가 자극되면 우리 몸은 43 ˚C 가 아니더라도 그 자극 정보가 대뇌로 전달되어 우리는 뜨겁다고 느끼게 되며 이 자극이 지속되면 뜨거움과 통증을 함께 느끼게 된다.

문 05

P. 60

문항 분석 및 평가표

⟶ 문항 분석 : 곤충은 날갯짓을 하여 주변의 공기를 진동시킵니다. 그 진동수가 사람이 들을 수 있는 소리인 가청 주파수 범위(20 ~ 20,000 Hz)에 있으면 곤충이 날아다니는 소리를 들을 수 있습니다. 파리는 1 초에 300 번의 날갯짓을 하여 주변의 공기를 진동시킵니다. (융통성, 정교성) (창의적 문제 해결 문항)

⟶ 평가표 :

(1) 번 답이 맞는 경우	3 점
(2) 번 이유를 타당하게 설명한 경우	2 점
(1) + (2) 총합계	5 점

정답 및 해설

⟶ (1) 파리는 날갯짓으로 주변의 공기를 진동시키는데, 그 진동수가 가청 주파수의 범위에 있으므로 파리가 날아다니는 소리가 들린다.

(2) 예시 답안) 옳지 않다.

이유 : ① 파리는 따뜻한 온도와 높은 습도에서 잘 살기 때문에 추운 겨울에는 느리게 날아다니다가 사람이 손으로 잡으려고 손을 움직이거나 먹이를 발견했을 때는 빠르게 움직인다. 갑자기 빠르게 움직이는 파리를 보면 상대적으로 여름보다 겨울에 파리가 빠르게 움직이는 것처럼 느낄 수 있다.

② 파리가 알을 까고 살아가기 위해서는 따뜻한 온도, 높은 습도와 충분한 먹이가 필요한데 겨울에는 온도가 낮고 건조하므로 파리의 움직임이 느려지고 무기력해질 것이다.

문항 분석 및 평가표

⟶ 문항 분석 : 우리는 몸에 쌓인 전자가 순간적으로 방전되면서 정전기를 느끼게 됩니다. 정전기는 겨울철에 더 많이 일어나는데, 주변에 수분이 없으면 전자가 이동하지 않고 한 곳에 쉽게 쌓일 수 있기 때문입니다. (융통성, 정교성) (창의적 문제 해결 문항)

⟶ 평가표 :

(1) 번 답을 맞게 쓴 경우	3 점
(2) 번 답을 맞게 쓴 경우	3 점
(1) + (2) 총합계	6 점

정답 및 해설

⟶ (1) 영재 몸이나 친구 몸에 쌓여있던 전자가 순식간에 이동하는 방전이 일어나서 따끔함을 느꼈다.

(2) ① 땀이 많지 않은 사람일수록 정전기를 잘 느낀다.

② 나이가 들수록 피부가 건조해져서 정전기를 잘 느낀다.

③ 피부가 얇은 사람일수록 정전기를 잘 느낀다.

④ 예민한 사람일수록 정전기를 잘 느낀다.

⑤ 남자보다 여자가 정전기를 잘 느낀다.

—> 해설 : (1) 서로 다른 두 물체를 마찰시키면 한 물체에서 다른 물체로 전자가 이동한다. 이때 전자를 잃은 쪽은 (+) 전하를 띠고, 전자를 얻은 쪽은 (−) 전하를 띤다. 이와 같이 우리가 주변의 물체와 접촉할 때마다 몸과 물체는 전자를 주고받으면서 몸에 전자가 조금씩 쌓인다. 어느 정도 전자가 쌓였을 때, 손으로 물체를 만지려고 하는 순간 손이 물체에 닿기 직전에 그동안 쌓였던 전자가 순식간에 이동하는 방전이 일어나므로 따끔함을 느낀다.

(2) ①, ② 땀의 성분 중 대부분은 물이다. 전자는 물 분자에 의해 이동할 수 있어 몸에 전자가 쌓이는 것을 막아준다. 그러므로 땀이 많거나 몸에 수분이 많은 경우 정전기가 적게 발생한다.

⑤ 보통 여자보다 남자의 피부가 두꺼우므로 남자는 4,000 V 가 넘었을 때 정전기를 느끼고, 여자는 2,500 V 정도에도 정전기를 느낀다.

문항 분석 및 평가표

—> 문항 분석 : 모든 식물은 다양한 형태로 자손을 번식합니다. 향기로운 꽃으로 곤충을 유혹하거나 동물이 과육을 먹고 배출한 씨앗을 통해 자손을 퍼뜨리기도 합니다. 또한, 깃털처럼 씨앗을 가볍게 만들어 바람을 타고 멀리까지 날아가게 합니다. 단풍나무는 열매의 양쪽에 얇은 날개가 달려있어 열매가 바람을 타고 멀리 날아갈 수 있으므로 씨를 퍼뜨릴 수 있습니다. (STEAM 융합 문항)

—> 평가표 : (1), (2) 채점 기준

(1) 번 답을 맞게 쓴 경우	3 점
(2) 번 장점을 맞게 쓴 경우	3 점
(1) + (2) 합계	6 점

(3) 채점 기준

1 ~ 3 개 쓴 경우	2 점
4 개 이상 쓴 경우	4 점

(1) + (2) + (3) 총합계	10 점

정답 및 해설

—> 정답 : (1) 가을이 되어 기온이 내려가면 식물의 잎이 가지고 있는 색소 중 초록색을 나타내는 엽록소가 많이 파괴되고 카로티노이드라는 색소에 의해 노란색을 띠게 된다. 노란색을 띠게 되면 잎에 있는 당이 햇빛에 의해 분해되어 안토시아닌이라는 색소가 만들어지는데, 이 색소는 잎이 붉은색을 띠게 한다. 기온이 더 내려가 겨울이 되면 줄기에서 잎으로 수분을 보내지 않고 유지하기 위해 잎은 모두 떨어진다.

(2) ① 열매에 날개가 있으므로 바람이 불면 열매가 멀리까지 날아갈 수 있어서 씨앗을 퍼뜨리기에 좋다.
② 열매에 날개가 있으므로 바람이 불면 열매가 나무에서 쉽게 떨어져서 씨앗을 퍼뜨리기에 좋다.

(3) 예시 답안) 프로펠러, 선풍기 날개, 환풍기 날개, 부메랑, 예초기, 풍력 발전기 날개

—> 해설 : (1) 단풍나무는 가을에 붉게 물들고, 겨울을 버티기 위해 잎을 떨어뜨린다. 식물은 잎의 기공을 통해 수분을 밖으로 내보내는 증산작용을 하는데 이 작용이 일어나는 동안에는 물이 계속 필요하다. 하지만 겨울에 뿌리를 감싸고 있는 흙마저 얼어붙게 되면 수분을 흡수하고 저장하기도 힘들어지므로 줄기에서 잎으로 수분을 보내지 않고 유지하기 위해 잎은 모두 떨어진다.

(2) 바람이 불면 단풍나무 열매가 돌면서 소용돌이를 발생시키고, 이것이 압력을 낮추어 아래쪽 공기를 위로 올리는 역할을 한다. 이때 열매도 공기의 흐름을 따라 위로 올라가므로 열매가 곧장 바닥으로 떨어지지 않고 바람을 타고 멀리까지 날아가게 된다.

문항 분석 및 평가표

→ 문항 분석 : 자연에서 내리는 눈은 작은 결정이 대기 중의 수증기와 만나 점점 성장하면서 일정한 모양을 갖게 됩니다. 하지만 인공적으로 만든 눈은 작은 물방울이 순간적으로 얼어서 만들어진 작은 얼음 알갱이로 바깥 날씨가 기온 영하 3°C 일 때, 가장 잘 만들어집니다. (STEAM 융합 문항)

→ 평가표 :

(1) 번 답을 맞게 쓴 경우	3 점
(2) 번 답과 이유를 맞게 쓴 경우	3 점
(3) 번 답을 맞게 쓴 경우	4 점
(1) + (2) + (3) 총합계	10 점

정답 및 해설

→ 정답 : (1) 함박눈이 내리는 날씨는 따뜻해서 눈이 떨어질 때 일부가 녹아 수분이 있으므로 서로 잘 뭉쳐진다. 이에 비해 추운 날에 내리는 싸락눈은 결정이 단단하고 수분이 거의 없어 뭉쳐지지 않으므로 싸락눈이 내리는 날 눈사람을 만들기가 어렵다.

(2) 제설기에서 만들어지는 눈은 제설기에서 나오는 작은 물방울이 순간적으로 얼기 때문에 자연눈처럼 일정한 모양을 가지고 있지 않다.

(3) 자연눈은 일정한 모양을 가지고 있으므로 쌓이면서 빈 공간이 생긴다. 자연눈을 밟으면 자연눈들 사이의 빈 공간이 채워지면서 소리를 내게 된다. 인공눈은 얼음 알갱이들이 쌓여 빈 공간이 거의 없으므로 밟아도 소리가 나지 않는다.

→ 해설 : (2) 제설기의 원리는 물을 작은 물방울로 만들어서 공중에 뿌려 얼게 하는 것이다. 제설기에는 물이 뿜어져 나오는 20 ~ 30 개의 노즐과 이 물줄기를 작은 물방울로 만드는 회전 날개로 구성되어 있다. 작은 물방울이 공중으로 날아가는 동안 바깥의 찬 공기에 열을 빼앗겨 의해 순간적으로 얼게 된다. 눈의 결정은 기온과 대기 중 수증기의 양에 따라 결정이 성장하는 정도가 다르므로 만들어진다. 따라서 순간적으로 어는 인공 눈은 일정한 모양을 가질 수 없다.

점수에 따른 성취도 등급

등급	1등급	2등급	3등급	4등급	5등급	총점
평가	42 점 이상	32 점 이상 ~ 41 점 이하	22 점 이상 ~ 31 점 이하	12 점 이상 ~ 21 점 이하	11 점 이하	52 점

6 모의고사 6 회

▶ 총 8 문제입니다. 문제 배점은 각 문항별 평가표를 참고하면 됩니다.

▶ 1 번 : 영재성 검사 문항 / 2 ~ 6 번 : 창의적 문제 해결 문항 / 7 ~ 8 번 : STEAM 융합 문항

▶ 각 문항은 유창성, 융통성, 독창성, 정교성 네 가지의 창의력 요소를 기준으로 평가하였습니다.

유창성 : 특정 문제에 대해 제한된 시간 내에 다양한 해결책을 생각해 내었는지를 평가합니다. 질문의 의도에 타당한 답변의 개수가 많을수록 높은 점수를 받습니다.

융통성 : 한 문제에 대해 여러 분야를 넘나들며 많은 해결책을 제시하였는가를 평가합니다. 답안이 서로 분야 혹은 범주가 겹치지 않는 답변이 많을수록 높은 점수를 받습니다.

독창성 : 남들과는 다른 본인만의 방법을 제시하였는가를 평가합니다.

정교성 : 처음에 생각해낸 아이디어를 다듬어 발전시켜 표현할 수 있는지 확인하는 문항입니다. 제시된 답안과 가깝고, 원리를 정확하게 이해하고 답했는지 평가합니다.

문 01

P. 68

문항 분석 및 평가표

—> 문항 분석 : 해설 참조. (정교성) (영재성 검사 문항)

—> 평가표 :

답이 맞는 경우	5 점

정답 및 해설

—> 정답 : 선영

—> 해설 : 혜원이의 말이 진실이라고 가정하고, 대화를 순서대로 읽어보면 진실을 말한 사람과 거짓을 말한 사람을 구별할 수 있다.

혜원(진실)	진실	거짓
	혜원, 은원, 정후, 준모	선진, 선영, 광민, 훈영

→ 혜원이의 말이 진실이라면, 4 명이 진실을 말하게 되므로 답이 될 수 없다. 따라서 혜원이의 말은 거짓이다.

혜원(거짓)	진실	거짓
	광민, 훈영	혜원, 준모

→ 혜원이가 거짓말을 했다면, 누가 1 등인지 아직 알 수 없다. 따라서 선진이의 말이 진실이라고 가정한다.

혜원(거짓)	진실	거짓
	광민, 훈영	혜원, 준모

▼

선진(진실)	진실	거짓
	광민, 훈영, 선진, 정후	혜원, 준모, 선영, 은원

→ 선진이의 말이 진실이라면, 4 명이 진실을 말하게 되므로 답이 될 수 없다. 따라서 선진이의 말은 거짓이다.

혜원(거짓)	진실	거짓
	광민, 훈영	혜원, 준모

▼

선진(거짓)	진실	거짓
	광민, 훈영, 은원	혜원, 준모, 선진, 선영, 정후

→ 3 명만 진실을 말한다고 했으므로, 선영이와 정후는 거짓말을 하고 있다. 정후의 말이 거짓말이므로 선영이가 1 등이 된다.

문항 분석 및 평가표

⟶ 문항 분석 : 잔잔한 수면에 돌멩이를 떨어뜨리면 물결파가 생겨 퍼져 나갑니다. 돌을 떨어뜨린 부분의 물이 아래로 내려가면서 물을 밀어내게 되고, 그다음 물이 밀려들어 오면서 수면의 낮아졌던 부분이 다시 이전과 같아지지만, 관성 때문에 수면은 처음보다 더 높이 올라가게 됩니다. 그러면 주위에 수면이 낮아지는 부분이 생기게 되고, 다시 물이 밀려들어 오는 과정을 반복하여 물결파가 퍼져 나가게 됩니다. (정교성) (창의적 문제 해결 문항)

⟶ 평가표 :

답이 맞고, 이유를 타당하게 설명한 경우	6 점

정답 및 해설

⟶ 정답 : 멀어진다.

이유 : 장난감 앞에 돌멩이를 던지면 돌멩이에 의해 물결파가 만들어진다. 장난감 쪽으로 물결파가 퍼질 때 장난감은 위, 아래로만 진동하는 것처럼 보이지만, 자세히 보면 좌우로도 진동하고 있다. 장난감 앞에 생긴 물결파로 인해 매질인 물이 처음 물결파가 생긴 지점으로부터 멀어지는 방향으로 밀려나므로 장난감도 물과 함께 영재로부터 멀어진다.

—> 해설 : 보통의 파동은 매질은 진행하지 않고 위, 아래로만 진동한다. 하지만 물결파인 경우에는 좌우로 진동하는 성분도 나타난다.

우리가 실제로 물에 떠 있는 장난감을 건지고 싶을 때, 장난감 뒤로 돌멩이를 던지면 된다. 장난감 뒤에 생긴 물결파로 인해 매질인 물이 처음 물결파가 생긴 지점으로부터 멀어지는 방향으로 밀려나므로 장난감이 물과 함께 우리에게 점점 가까워진다.

문 03

P. 70

문항 분석 및 평가표

—> 문항 분석 : 우리가 쓰는 식용유 중 하나인 콩기름은 다른 콩에 비해 지방이 풍부한 '대두' 라는 콩에서 기름을 얻는 것입니다. 콩 속에는 지방, 탄수화물, 단백질 등이 들어 있어 지방만 분리하기 위해서 특별한 과정을 거쳐야 합니다. 이 과정이 무엇인지 문제를 통해 알아봅시다. (융통성, 정교성) (창의적 문제 해결 문항)

—> 평가표 :

(1) 채점 기준

방법을 맞게 쓴 경우	3 점

(2) 채점 기준

1 가지 쓴 경우	2 점
2 가지 쓴 경우	3 점

(1) + (2) 총합계	6 점

정답 및 해설

—> 정답 : (1) ① 콩을 막자사발에 넣고 잘게 갈아준다.
② 잘게 간 콩에 에테르를 넣어준다.
③ 깔때기에 거름종이를 깔고, 에테르 혼합물에서 찌꺼기를 걸러낸다.
④ 증발접시에 걸러져 내려온 에테르 혼합물을 가열하여 에테르를 증발시키면 콩기름만 남는다.

(2) ① 차의 티백을 물에 우려 마신다.
② 물에 약재를 달여 마신다.
③ 원두에 물을 부어 커피를 만들어 마신다.
④ 양파를 물에 넣어 매운맛을 없앤다.
⑤ 식초를 에테르에 녹여 아세트산을 분리한다.
⑥ 식물의 잎을 알코올에 넣고 중탕하여 엽록소를 분리한다.

—> 해설 : (1) 에테르는 지방을 쉽게 녹이는 용매이다. 그러므로 에테르와 만나는 면적을 크게 하기 위해 콩을 잘게 갈아서 에테르에 넣으면 지방 성분만 녹는다. 지방 성분이 녹은 에테르 혼합물을 깔때기에 부어 찌꺼기를 걸러낸다. 그리고 증발접시에 걸러져 내려온 에테르 혼합물을 가열하여 증발시키면 콩기름만 남는다.

(2) 콩 속의 지방을 에테르에 녹여 분리하는 것처럼 혼합물을 특정 용매에 녹여 원하는 성분만 분리하는 방법을 추출이라고 한다.

①, ②, ③ 물에 녹는 성분만 분리되고, 분리되어 나오는 것을 마시는 것이다.

④ 양파의 매운맛을 내는 유황 성분은 물에 잘 녹는 성분으로 양파를 물에 넣어 놓으면 매운맛을 내는 성분이 빠져나온다.

⑤ 식초의 아세트산 성분이 에테르에 잘 녹으므로 식초를 에테르에 넣고 깔때기로 걸러 준다. 걸러져 내려온 혼합물을 증발시키면 아세트산을 분리할 수 있다.

⑥ 엽록소는 극성 구조를 가지므로 극성 용매인 알코올에 넣은 후 중탕하면 엽록소만 분리할 수 있다.

문항 분석 및 평가표

⟶ 문항 분석 : 해설 참조.(유창성, 정교성) (창의적 문제 해결 문항)

⟶ 평가표 :

(1) 번 이유를 맞게 설명한 경우	3 점
(2) 번 적절한 방법을 쓴 경우	2 점
(1) + (2) 총합계	5 점

정답 및 해설

정답 : (1) 물에 스프가 녹아 들어가면 순수한 물보다 더 높은 온도에서 끓게 되므로 스프를 먼저 넣고 면을 넣으면 면이 빨리 익어서 퍼지지 않는다.

(2) ① 양은 냄비에 라면을 끓인다.
② 냄비 뚜껑을 닫고 끓인다.
③ 면이 익기 시작할 때, 면을 풀어헤쳐 준다.
④ 스프를 먼저 넣고 면을 끓인다.
⑤ 면이 익는 동안 젓가락으로 면을 물 밖으로 들어 올렸다가 내려놓기를 반복한다.

⟶ 해설 : (1) 순수한 물보다 혼합물의 끓는점이 더 높다. 스프가 녹아 있는 물은 혼합물로 순수한 물이 끓는 온도보다 더 높은 온도에서 끓게 된다.

(2) 면발이 쫄깃하기 위해서는 라면을 끓이는 시간을 단축해야 한다.
① 양은 냄비는 열전도율이 크므로 면이 빨리 익어서 퍼지지 않는다.
② 뚜껑을 닫고 끓이면 열이 빠져나가지 않고, 냄비의 내부 압력이 상승하면서 물의 끓는점이 높아지므로 더 높은 온도에서 면이 빨리 익으므로 퍼지지 않는다.
③ 면을 풀어헤치면 열에 더 빠르게 노출되므로 면이 빨리 익어서 퍼지지 않는다.
④ 스프를 먼저 넣으면 더 높은 온도에서 끓어 면이 빨리 익어서 퍼지지 않는다.
⑤ 면의 전분은 뜨거운 물과 만나면 탄성을 잃게 되므로 들어 올렸다가 내려놓기를 반복하여 물과의 접촉 시간을 줄이면 면이 퍼지지 않게 할 수 있다.

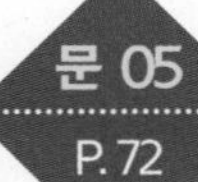

문항 분석 및 평가표

⟶ 문항 분석 : 해설참조. (융통성, 정교성) (창의적 문제 해결 문항)

⟶ 평가표 :

답이 맞고, 이유를 타당하게 설명한 경우	5 점

정답 및 해설

⟶ 정답 : A(검은색 컵)

이유 : 검은색 컵은 많은 열을 흡수하는 만큼 많은 열을 내보내면서 높은 온도를 유지할 수 있다. 따라서 검은색 컵 속에 들어있는 차가 오랫동안 따뜻하게 유지된다.

⟶ 해설 : 물체가 열을 많이 내보내면 물체의 내부와 외부의 온도 차이가 크다는 것을 의미하므로 높은 온도를 유지할 수 있다. 물체가 열을 적게 내보내면 물체의 내부와 외부의 온도 차이가 작다는 것을 의미하므로 낮은 온도를 유지한다.

문 06
P. 73

문항 분석 및 평가표

⟶ 문항 분석 : 파리의 뇌는 작은 씨앗 크기만 하고 그 안에는 10만 개의 신경세포가 있습니다. 그에 반해 우리 뇌에는 100조 개의 신경세포가 있다고 추정되고 있습니다. 그런데 사람이 파리를 잡으려고 손을 뻗으면 재빠르게 어디로 피해야 할지 알아내 도망을 갑니다. 어떻게 그럴 수 있을까요? 파리를 포함한 곤충들의 민감한 시력과 몸에 난 털로 설명할 수 있습니다. 곤충은 몸에 미세한 털이 있는데, 이 털은 갑자기 다가오는 손에 의한 공기 압력과 온도의 미세한 변화를 감지하여 파리가 도망갈 수 있습니다. 또한, 여러 개의 렌즈로 이루어진 곤충의 눈과 달리 인간은 눈 하나에 렌즈가 하나이기 때문에 이미지를 매우 자세히 볼 수 있지만 빛의 양 변화를 알아채기는 어렵습니다. (융통성, 정교성) (창의적 문제 해결 문항)

⟶ 평가표 :

(1) 채점 기준

답을 1 가지 쓴 경우	1 점
답을 2 가지 쓴 경우	2 점
답을 3 가지 모두 쓴 경우	3 점

(2) 채점 기준

'수분 활동을 하기 위해서' 라는 말을 포함시켜 답을 쓴 경우	2 점
(1) + (2) 총합계	5 점

정답 및 해설

⟶ 정답 : (1) ① 4,000 개 이상의 낱눈을 가져 사람보다 빛의 양 변화를 빨리 알아챌 수 있으므로 다가오는 물체로 인한 그림자를 인식한다.

② 몸에 있는 미세한 털로 갑자기 다가오는 손에 의한 공기 압력의 변화를 감지한다.

③ 몸에 있는 미세한 털로 갑자기 다가오는 손에 의한 온도 변화를 감지한다.

(2) 곤충이나 새를 꽃의 중앙으로 모여들게 하여 꿀을 먹는 동안 몸에 붙은 꽃가루를 암술머리에 옮기는 수분 활동을 위해서이다.

⟶ 해설 : (2) 수술에서 만든 꽃가루를 암술로 옮기는 것을 꽃가루받이 또는 수분이라고 한다. 꿀과 수술, 암술은 꽃잎에 둘러싸여 꽃의 가운데에 있다. 곤충이나 새는 자외선을 감지하므로 다른 부분보다 진하게 보이는 가운데로 많이 모여들어 꿀을 빨아 먹는다. 꿀을 먹는 동안 곤충과 새의 몸에 꽃가루가 붙어 암술머리에 옮겨지면 꽃은 수분이 이루어질 수 있다. 꽃가루가 벌, 나비, 파리 등 곤충에 의해 암술로 옮겨지는 꽃을 충매화라고 하며 그 예에는 코스모스, 매실나무, 연꽃 등이 있다. 꽃가루가 새에 의해 옮겨지는 꽃을 조매화라고 하며 그 예에는 동백나무가 있다.

문 07
P. 74

문항 분석 및 평가표

⟶ 문항 분석 : 1980 년대 미국의 3D 시스템즈라는 회사에서 액체 형태의 플라스틱에 레이저빔을 쏘아 원하는 부분만 고체화시키는 방식의 프린터를 개발한 것이 3D 프린터의 기초가 되었습니다. 현재 3D 프린터는 물체를 3D 로 스캔하여 얻은 이미지를 컴퓨터 상에서 가로로 잘라내 분석합니다. 그 후 노즐을 통해 재료를 분사하여 한층 한층 쌓아가면서 최종 결과물을 만들어 냅니다. 이제는 3D 프린터의 재료로 플라스틱, 세라믹 등을 이용해 산업용 제품을 많이 만들어내고 있습니다. 앞으로 3D 프린터가 더욱 활발하게 생산된다면 우리의 생활이 어떻게 달라질 수 있을지 생각해 봅시다. (STEAM 융합 문항)

⟶ 평가표 :

(1) 번 장점을 3 가지 이상 쓴 경우	3 점
(2) 번 답을 맞게 쓴 경우	4 점
(3) 적절한 직업을 설명한 경우	5 점
(1) + (2) + (3) 총합계	12 점

정답 및 해설

⟶ 정답 : (1) ① 건축물을 만들 때 필요한 자재물이나 자재 폐기물이 줄어든다.
② 인건비가 적게 들기 때문에 비용이 감소한다.
③ 건축물을 만드는 데 걸리는 시간이 줄어든다.
④ 설계도만 있으면 건축물을 만들 수 있다.
⑤ 공사 현장에서 발생하는 위험한 사고가 없어 안전하다.
⑥ 건축물을 만들 때, 오류를 수정하기 쉽다.

(2) ① 실크나 면과 같이 아주 얇은 옷의 소재는 컴퓨터가 분석하기 힘들어서 데이터 생성이 어렵다.
② 전자 부품은 아주 작은 금속을 3 차원 구조로 쌓아 올려야 하므로 정교한 작업이 필요하다.

(3) ① 3D 프린터로 새로운 설치 미술, 도자기, 조형물 등의 창의적인 예술 작품을 만드는 예술가
② 3D 프린터의 부품을 생산하고 3D 프린터를 디자인하고 만드는 설계자
③ 규제가 필요한 물품(불법 물품)의 설계도를 가지고 있거나 설계도를 불법으로 사고파는 것을 잡아내는 설계도 검열관
④ 3D 프린터를 이용하는 사람이 모두 전문가는 아니므로 3D 프린터를 잘 아는 전문가들이 기술적으로 도움을 주거나 조언을 해주는 3D 프린팅 컨설턴트
⑤ 3D 프린터와 AI 를 접목시키는 AI 기술자

문항 분석 및 평가표

⟶ 문항 분석 : 혈액의 순환은 심장에서 나온 혈액이 동맥, 모세혈관, 정맥을 거쳐 다시 심장으로 돌아가는 과정으로 온몸을 순환하는 온몸 순환과 폐를 순환하는 폐순환이 있습니다. 온몸 순환이란 좌심실에서 나온 혈액이 온몸을 돌면서 조직 세포에 산소와 영양소를 주고, 조직 세포에서 생긴 이산화 탄소와 노폐물을 받아 다시 우심방으로 들어오는 혈액 순환 과정입니다. 심장을 통해 혈액을 각 혈관으로 내보낸 후 우리 몸을 한 바퀴 도는 데 걸리는 시간은 1 분도 걸리지 않는다고 합니다. 폐순환은 우심실에 나온 혈액이 폐를 순환한 후 이산화 탄소를 내보내고 산소를 받아 좌심방으로 들어오는 혈액 순환 과정입니다. 우리의 몸은 이러한 혈액 순환이 항상 원활하게 이루어져야 합니다. (STEAM 융합 문항)

⟶ 평가표 :

(1) 번 이유를 맞게 쓴 경우	2 점
(2) 번 이유를 맞게 쓴 경우	3 점
(3) 적절한 방법을 2 가지 이상 쓴 경우	5 점
(1) + (2) + (3) 총합계	10 점

정답 및 해설

⟶ 정답 : (1) 기린은 키가 크기 때문에 심장과 머리, 다리 사이의 거리가 멀어 온몸으로 혈액을 공급해 주기 위해서는 심장이 강한 수축과 이완 운동을 해야 한다. 기린이 사는 동안 심장의 무리한 운동이 계속 되기 때문에 심장에 이상이 오는 경우가 많아 몸의 크기에 비해 빨리 죽는다.

(2) ① 높은 고도에서 비행기가 떠 있으므로 비행기 내부는 산소가 부족하다. 산소가 부족하면 혈액에 산소 공급이 원활하게 되지 않아 혈액 순환이 느려진다.
② 긴 시간동안 앉아 있으면 골반에 의해 혈관이 눌리면서 혈액 순환이 잘 되지 않는다.
③ 상공에서는 중력이 작게 작용하므로 다리까지 혈액 순환이 잘 되지 않는다.

(3) ① 기내에서 일어나 걷거나 스트레칭을 한다.
② 다리를 주무르거나 발뒤꿈치를 들었다 내렸다 하여 발목과 종아리 근육을 자극한다.
③ 의료용 압박 스타킹을 신는다.
④ 물을 많이 마신다.

→ 해설 : (3) ① 긴 시간동안 앉아 있으면 혈관이 눌려 혈액 순환을 방해하므로 기내에서 일어나 걷거나 스트레칭을 해주면 혈액 순환에 도움이 된다.

② 혈액 순환이 잘 안되면 혈액이 다리와 발에만 쏠리게 되므로 발목과 종아리 근육을 자극하여 혈액 순환을 도와야 한다.

③ 의료용 압박 스타킹은 발목부터 허벅지까지 가해지는 압력이 다르므로 압력 차이에 의해 혈액이 원활하게 흐를 수 있도록 도와준다.

④ 혈액의 대부분은 물로 구성되어 있으므로 물을 많이 마시면 혈액의 양이 많아져 혈액 순환에 도움이 된다.

점수에 따른 성취도 등급

등급	1등급	2등급	3등급	4등급	5등급	총점
평가	44 점 이상	34 점 이상 ~ 43 점 이하	24 점 이상 ~ 33 점 이하	14 점 이상 ~ 23 점 이하	13 점 이하	54 점

7 마무리하기

· 아래의 표를 채우고 스스로 평가해 봅시다.

정리하기

단원	1회	2회	3회	4회	5회
점수					
등급					

· 총 점수 :   / 314 점

· 평균 등급 :

전체 점수 성취도 등급

등급	1등급	2등급	3등급	4등급	5등급	총점
평가	252 점 이상	190 점 이상 ~ 251 점 이하	128 점 이상 ~ 189 점 이하	66 점 이상 ~ 127 점 이하	65 점 이하	314 점
	대단히 우수, 영재 교육 절대 필요함	영재성이 있고 우수, 전문가와 상담 요망	영재성 교육을 하면 잠재능력 발휘할 수 있음	영재성을 길러주면 발전될 가능성 있음	어떤 부분이 우수한지 정밀 검사 요망	

스스로 평가하기

· 자신이 자신있는 단원과 부족한 단원을 말해보고, 앞으로의 공부 계획을 세워봅시다.

창의력과학 세페이드 시리즈 – 창의력과학의 결정판, 단계별 영재 대비서

1F 중등 기초
물리(상,하), 화학(상,하)

2F 중등 완성
물리(상,하), 화학(상,하), 생명과학(상,하), 지구과학(상,하)

3F 고등 Ⅰ 물리(상,하), 물리 영재편(상,하), 화학(상,하), 생명과학(상,하), 지구과학(상,하)

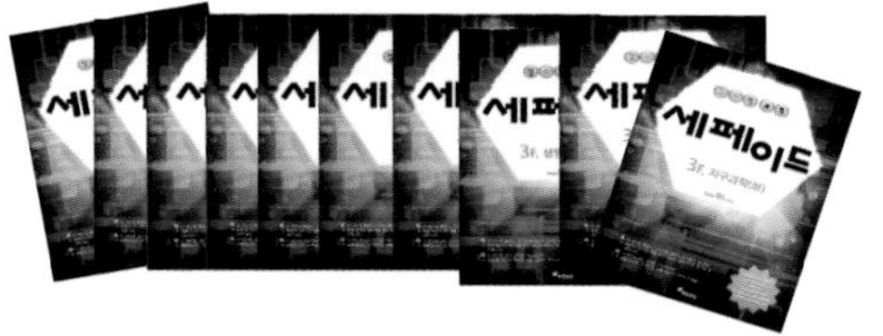

4F 고등 Ⅱ
물리(상,하), 화학(상,하), 생명과학(영재편,심화편), 지구과학(상,하)

5F 영재과학고 대비 파이널
(물리, 화학)/(생물, 지구과학)

세페이드 모의고사

세페이드 고등 통합과학

창의력과학 아이앤아이 *I&I* 시리즈 – 특목고, 영재교육원 대비 종합서

창의력 과학 아이앤아이 *I&I* 중등
물리(상,하)/화학(상,하)/생명과학(상,하)/지구과학(상,하)

창의력 과학 아이앤아이 *I&I* 초등 3~6

영재교육원 수학과학 종합대비서
아이앤아이 꾸러미

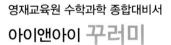

아이앤아이 영재교육원 대비
꾸러미 120제 (수학 과학)

아이앤아이 영재교육원 대비
꾸러미 모의고사 (수학 과학)

아이앤아이 영재교육원 대비

꾸러미 48제 모의고사

Ⅰ 영재교육원 준비 방법을 제시했습니다 .

Ⅱ 1 회당 8 문항 총 6 회분 으로 구성하였습니다 .

Ⅲ 각 회당 영재성검사 평가문제 1 문항 , 창의적 문제해결력 5 문항 , STEAM(융합) 형 문제 2 문항으로 구성하였습니다 .

Ⅳ 각 교과영역 , 창의성 영역 , 창의적문제해결력 영역을 골고루 배분하여 출제하였습니다 .

Ⅴ 출제자 예시답안 및 각 영역별 평가표를 제시하여 스스로 채점할 수 있게 하였습니다 .

무한상상

무한상상

무한상상

창의력과학 세페이드 시리즈 – 창의력과학의 결정판, 단계별 영재 대비서

1F 중등 기초
물리(상,하), 화학(상,하)

2F 중등 완성
물리(상,하), 화학(상,하), 생명과학(상,하), 지구과학(상,하)

3F 고등 Ⅰ 물리(상,하), 물리 영재편(상,하), 화학(상,하), 생명과학(상,하), 지구과학(상,하)

4F 고등 Ⅱ
물리(상,하), 화학(상,하), 생명과학(영재편,심화편), 지구과학(상,하)

5F 영재과학고 대비 파이널
(물리, 화학)/(생물, 지구과학)

세페이드 모의고사

세페이드 고등 통합과학

창의력과학 아이앤아이 *I&I* 시리즈 – 특목고, 영재교육원 대비 종합서

창의력 과학 아이앤아이 *I&I* 중등
물리(상,하)/화학(상,하)/생명과학(상,하)/지구과학(상,하)

창의력 과학 아이앤아이 *I&I* 초등 3~6

영재교육원 수학과학 종합대비서
아이앤아이 꾸러미

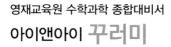

아이앤아이 영재교육원 대비
꾸러미 120제 (수학 과학)

아이앤아이 영재교육원 대비
꾸러미 모의고사 (수학 과학)

아이앤아이 *영재교육원 대비*

꾸러미 48제 모의고사

Ⅰ 영재교육원 준비 방법을 제시했습니다 .

Ⅱ 1 회당 8 문항 총 6 회분 으로 구성하였습니다 .

Ⅲ 각 회당 영재성검사 평가문제 1 문항 , 창의적 문제해결력 5 문항 , STEAM(융합) 형 문제 2 문항으로 구성하였습니다 .

Ⅳ 각 교과영역 , 창의성 영역 , 창의적문제해결력 영역을 골고루 배분하여 출제하였습니다 .

Ⅴ 출제자 예시답안 및 각 영역별 평가표를 제시하여 스스로 채점할 수 있게 하였습니다 .

펴낸이 윤찬섭
개발 및 편집 무한상상 영재교육 연구소
검토위원 윤찬섭 (연구소장)
디자인 박수완
삽화 / 일러스트 박선미 김지연 박수완
펴낸곳 무한상상 출판 cafe.naver.com/creativeini
주소 서울시 서초구 명달로 4길 4 405호
인쇄 대명 문화사
파본은 교환해 드립니다.

아이앤아이 영재교육원 대비

창의력 교재 업계 1위

꾸러미 48제 모의고사

파이널

과학
초등6~중등

- 1 회당 8 문항 총 6 회분 구성
- 회당 영재성검사 평가문제 1 문항
- 회당 창의적문제해결력 문제 5 문항
- 회당 STEAM(융합) 형 문제 2 문항
- 출제자 예시답안 제시
- 창의성 평가 , 문제해결력 평가표 제시

창·의·력·과·학

I&I 아이 앤 아이 시리즈

물리
화학
생명과학
지구과학

초등6
초등5
초등4
초등3

영재학교·과학고

꾸러미 48제 모의고사 (수학/과학)
꾸러미 120제 (수학/과학)
영재교육원 종합대비서 꾸러미 (수학/과학)

영재교육원·영재성검사